U0925026

亚太室内设计名师系列丛书　戴勇

Neo-Chinese Elegance

ERIC TAI INTERIOR DESIGN

优雅新中式

创福美图　佳图文化　主编

中 国 林 业 出 版 社

图书在版编目（CIP）数据

优雅新中式 / 佳图文化主编. -- 北京 : 中国林业出版社, 2016.3

ISBN 978-7-5038-8393-4

Ⅰ. ①优… Ⅱ. ①佳… Ⅲ. ①住宅－室内装饰设计Ⅳ. ①TU241

中国版本图书馆 CIP 数据核字(2016)第 021172 号

创福美图 佳图文化 主编

中国林业出版社·建筑家居出版分社
责任编辑：李 顺 唐 杨
出版咨询：（010）83143569

出 版：中国林业出版社（100009 北京西城区德内大街刘海胡同 7 号）
网 站：http://lycb.forestry.gov.cn/
印 刷：利丰雅高印刷（深圳）有限公司
发 行：中国林业出版社
电 话：（010）83143500
版 次：2016 年 3 月第 1 版
印 次：2016 年 3 月第 1 次
开 本：889mm×1194mm 1 / 16
印 张：23
字 数：200 千字
定 价：398.00 元

目录 CONTENTS

NATURAL RATIONAL NEW CHINESE STYLE

自然理性新中式

“如果去画一片冷杉树林，没有必要在整张纸上填满树的图画。作为冷杉树的象征，一条简单的线就足够了。”

——Paul Klee（保罗·克利，现代主义大师，1879-1940）

有人怀疑优秀的设计师在精神上要远比常人活得痛苦，因为他们必须同时撑起设计精神的三根支柱：科学、艺术、人文。科学追求真，给人以理性；艺术追求美，给人以感性；人文追求善，给人以悟性。对一般人的承受力而言，三者兼顾等同于精神分裂。戴勇对自身设计的定位是：自然精简，艺术人文。

在戴勇截止 2013 年出版过的七本书中，读者能看见他在设计路上循序渐进及最终确定自己主风格的全过程。至今尚未见过英国安德鲁马丁室内设计奖得主 -Martyn Lawrence Bullard 的中式作品，却见过中国安德鲁马丁奖获得者 - 戴勇设计的不少异域风格作品。虽然说文化无国界，但不同的历史阶段文化有强弱之分，而弱者模仿强者是人类的本能。即使 90 后的中国设计师也不能回避一个事实：如果你不擅长模仿异域风格的设计，你将发现自己应该改行。在这个过程中许多人走着走着就迷失了，如果不能在模仿学习外来东西的同时回归到自己的文化创新及提升中来，最终的结果一定是迷失。

戴勇设计的珍贵之处在于他驾驭住了属于自己的主风格 - 新中式，这可以被视为中国室内设计发展的象征，却不能依此断定中式风已足够普及强大，因为不久前连央视也要出面制止全国各地洋名满天飞的楼盘名，这足以反映设计存在的现状。近两年戴勇设计的中式风越来越冷调简练，似乎在关注功能主义的同时他要将理性主义灌彻到底，甚至将现代风格的冰冷凛冽也纳进了他的新中式，呈现视觉的“冷暴力”。这与他在《中国式优雅》中的作品呈现发生了某些情感上的变化，到底这是进步还是放弃？作为设计师他拥有绝对的解释权。但有一点可以肯定：设计师在继续探索与实践，这是智慧，需要勇气。

“一粒种子会长成紫罗兰，另一粒会长成向日葵——这一点也不偶然，这是由它的本质决定的——前者始终是紫罗兰，后者始终是向日葵”。

——Paul Klee

ANJI NEW WORLD

安吉新奇世界

安吉新奇世界国际度假区接待中心

在这个直线循环的空间里，人们很容易就领会到“城市·自然”的设计主题。

细密的直线运用了木头和钢板两种材质来表达同一种设计语言，几何造型几乎是纯粹的，同一指向正方形和长方形，反映出设计师对现代空间的自然理念：优雅的格调、方正的品质。

落地玻璃窗将户外的自然风景完整引入室内，但设计师在部分透明的空间中运用了直线屏风提升了它的遮掩度，创造出一种可见与不可见、开放与含蓄、优雅与质朴、坚硬与细薄、独特与实用相互融合的城市·自然空间特点。同时将地域人文特色引入设计，项目所用饰面板、地板、家具皆为竹饰面，天然纹理，清新文雅。

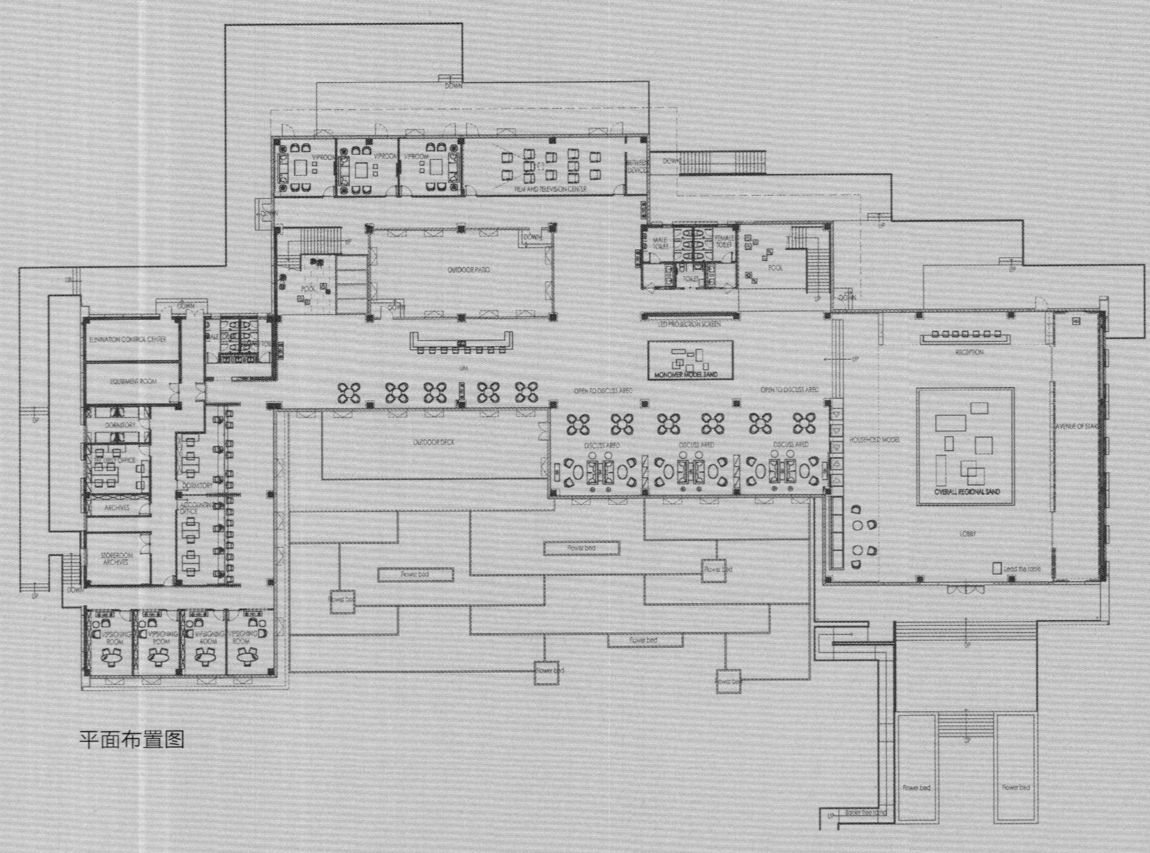

平面布置图

客　　户：北京中弘控股股份有限公司
室内设计：EricTai Design Co.,LTD 戴勇室内设计师事务所
项目地点：中国浙江安吉
使用物料：竹木饰面、德国米黄云石、淋浪灰云石、雅士白云石、芝麻黑麻石、肌理涂料、竹木地板、黑色拉丝面不锈钢、定制地毯等
建筑面积：3025 平方米
设计时间：2014-09
完工时间：2015-04
摄 影 者：ChenWeiZhong 陈维忠

TITUS

DANCING
CHAPLIN

TOTO

QUESHAN NEW WORLD

鹊山新奇世界

鹊山新奇世界国际度假区接待中心

本案的设计需求是重点表现“新中式度假风，做出让人安静、放松的空间。”设计师将整体空间定调为浅米色，用材上统一选择哑光材料，图案以粗、细两种直线相结合，既考虑了北方的视觉习惯，又体现从容自如、优雅缜密的城市生活品质。设计师娴熟自如地运用各种代表性的新中式元素：自然面黑色石材流水墙、仿古石材、石雕墙面、中式图案门把手、黑色铁艺屏风、拉丝做的旧橡木、天花上运用的麻草壁纸、白沙米黄石雕墙面、柔软素雅的棉麻布艺沙发，既合理实现了空间的设计需求，同时注重将当地的人文历史引进空间 - 大厅正处悬挂元代画家赵孟頫的《鹊华秋色图》，让人们在享受舒适安静的现代时尚设计手法的同时，与自然环境呼应共鸣。

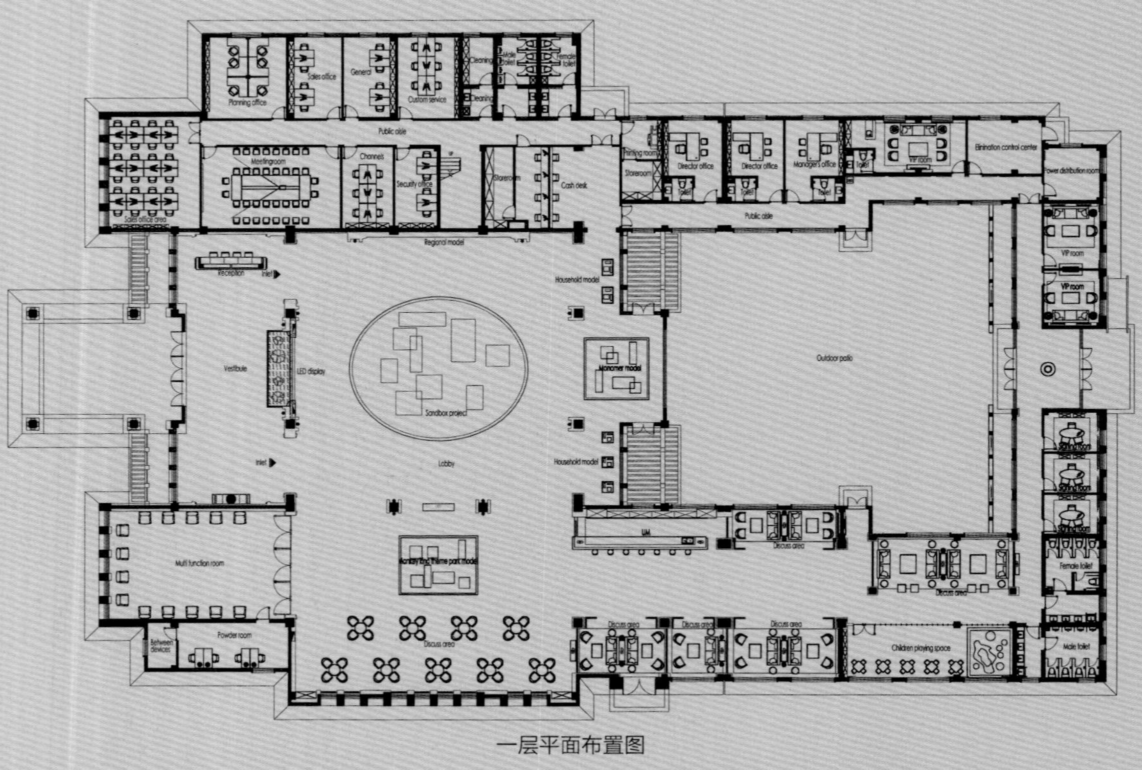

一层平面布置图

客　　户：北京中弘控股股份有限公司
室内设计：EricTai Design Co.,LTD 戴勇室内设计师事务所
项目地点：中国山东济南鹊山
使用物料：紫砚石、芝麻黑麻石、雅士白云石、麻草壁纸、拉丝做旧橡木、榉木喷白色哑光漆、肌理涂料、铁艺喷黑、古铜拉丝不锈钢等
建筑面积：2500 平方米
设计时间：2014-08
完工时间：2015-05
摄 影 者：ChenWeiZhong 陈维忠

新奇世界国际度假区

出入皆生态 公园式自然居住
新区中心 立体发达交通枢纽

DESIGN IS NOT A RATIONAL PROCESS

设计不是一个理性的过程

理性和感性是否势必水火不容?

同一个人的思维方式可能就面对两种截然不同的评论：一些人评他很理性，另一些人却评他太感性。突然想起一个小插曲：在西方情商这门学科进来之前，我们从父辈那里继承下来的一个评价人的性格好不好、前途远大与否的标准往往最看重这一点：他能不能做到喜怒不形于色？最好是无论别人说什么他都能满脸堆笑，即使心里面他对此鄙视之极或羡慕妒忌恨到极致。但西方的情商学问过来后，让许多人惊诧的掉下巴：一些平日被人们论定为情商极低的人，却在测评结果中显示：情商优秀。差异到底在哪里？西方的情商观点之一：情绪是人与生俱来的馈赠，它们自身没有好与坏之分，只在于不同的情绪是否运用在对人对事有益的基础上。人家在悲痛你在嬉笑，人家在冥想你在狂喜尖叫，这是情绪运用不恰当；但众人都在昏聩事态中明哲保身敢怒不敢言，甚至识时务者为俊杰逢场作戏卖乖取巧，这时候你敢于拍案直击，这个情绪运用在情商标准中就是优秀的。可见许多事物的评价标准也是文化背景的产物，有真理与人情之分，有文明与原始之别。

关于理性设计与感性设计的观点繁多，一般人对理性设计的理解是：强调少即是多，尽可能利用空白，不要过度设计。在此也不妨做一个比喻：人们知道白是红橙黄绿蓝紫的组合，黑是红橙黄绿蓝紫的缺席。对理性设计者而言最喜爱的用色是黑和白，但对感性设计者而言，用黑与白就等于什么也没看见，什么都没看见就等于什么都白做了。就像人们对“色就是空”的哲学认同，但无法承受“空就是色”的生命之轻，故非要将理性与感性分成对立阵容。但矛盾的是：过度的理性主义很容易就变得随心所欲，好比 60 年代兴起的建筑上的解构主义 - 利用逻辑使一切变得支离破碎和不确定感，最后的结果跟过度的感性主义殊途同归：混乱。好的设计都是既有理性又有感性，有科学公式可依循也有情感上的高度关怀体贴。

在本章的三个作品能直观地看见戴勇设计在理性与感性上的融会贯通，东汇名城的现代理性设计造型与传统名城的文化感性意象，山水绿城不掩饰锋芒的理性几何造型与感性的波光粼粼色彩缭绕，光明一号紧扣“光明”主题所运用的理性技术处理与对绿色深浅度与光泽度错落运用的体贴入微，都体现了设计师的人生态度，让有形的理性与无形的感性平稳过度自然流露。

EAST CITY

东汇名城

开封东汇名城售楼中心

由香港爪哇集团全资发展的开封东汇名城项目是位于开发区大型城市综合体项目，开发区内包含学院、医疗、科研等机构，休闲设施包括国际级高尔夫球场、大型湿地公园及运粮河生态旅游区等。东汇名城项目总用地规模超过1100亩，总建筑面积约300万平方米，内设国际会议中心、五星级国际酒店、大型商业，包括购物中心、办公楼、高端住宅、高级会所等。

销售中心建筑设计为现代风格，外观以“粮船”为设计概念，一艘载满粮食及货物的粮船停在水面上，正待启航。船头高高扬起，建筑外观上的线条构勒出水面的波浪轮廓。

室内一层根据销售动线进行功能规划，合理规划出接待大厅、多媒体文化展示长廊、项目沙盘模型区、客户洽谈区、签约区、VIP室等各个功能区域。客人在参观的过程中逐步了解发展商的企业实力，项目的规划情况，也在这个过程中感受到充分的尊贵体验。二层为办公室区，设有员工开敞区、经理办公室，会议室、员工休息室、档案室等内部功能区域。

一层接待大厅用进口云灰云石铺设地面，高达7米的项目logo墙由云灰云石修饰，体现出项目的精良设计施工品质。接待前台由进口银白龙云石及灰色镜面修饰，造型简洁，前台订制的大型花艺让空间生动自然。

销售大厅提取了活字印刷、文字、屏风等中国传统元素作为设计切入点，加以变化运用，天花上层层叠叠的方形吊灯，仿佛是中国的传统宫灯，又好像是中国的活字印刷版。结构柱借鉴中国古建的柱饰外形，选用水云纱石材及黑色镜面不锈钢修饰，体现出人文的设计造型及精美的现代设计细节。烤钢琴漆的巴西酸枝木修饰的墙身造型，低调奢华，尊贵不凡。玫瑰金色的不锈钢屏风，在传统中带来了时尚的感受，将项目名“东”、“汇”、“名”、“城”四个字也巧妙地融合到抽象图案的设计里。室内设计整体风格现代时尚，雍容华贵，用现代设计手法体现古城悠久的历史传统与丰富的文化内涵。

客　　户：香港爪哇集团
室内设计：EricTai Design Co.,LTD 戴勇室内设计师事务所
项目地点：中国河南开封
使用物料：云灰云石、银白龙云石、水云纱云石、仿石砖、酸枝木皮、玫瑰金镜面不锈钢、黑色镜面不锈钢、灰镜、墙纸、布艺等
建筑面积：1600平米
设计时间：2012-11
完工时间：2014-04
摄 影 者：ChenWeiZhong 陈维忠、Jiang Guo Zheng 江国增
艺术陈设：戴勇室内设计师事务所

DN
DN
MALE TOILET
FEMALE TOILET
UP
VIDEO ROOM
CULTURAL CORRIDOR
Storeroom
DN
Rest room
FINANCE OFFICES
RECEPTION
VIP ROOM
Cash register
SALES MANAGER ROOM
DISCUSS ARED
DN
DN
UP
UP
DN
DISCUSS ARED

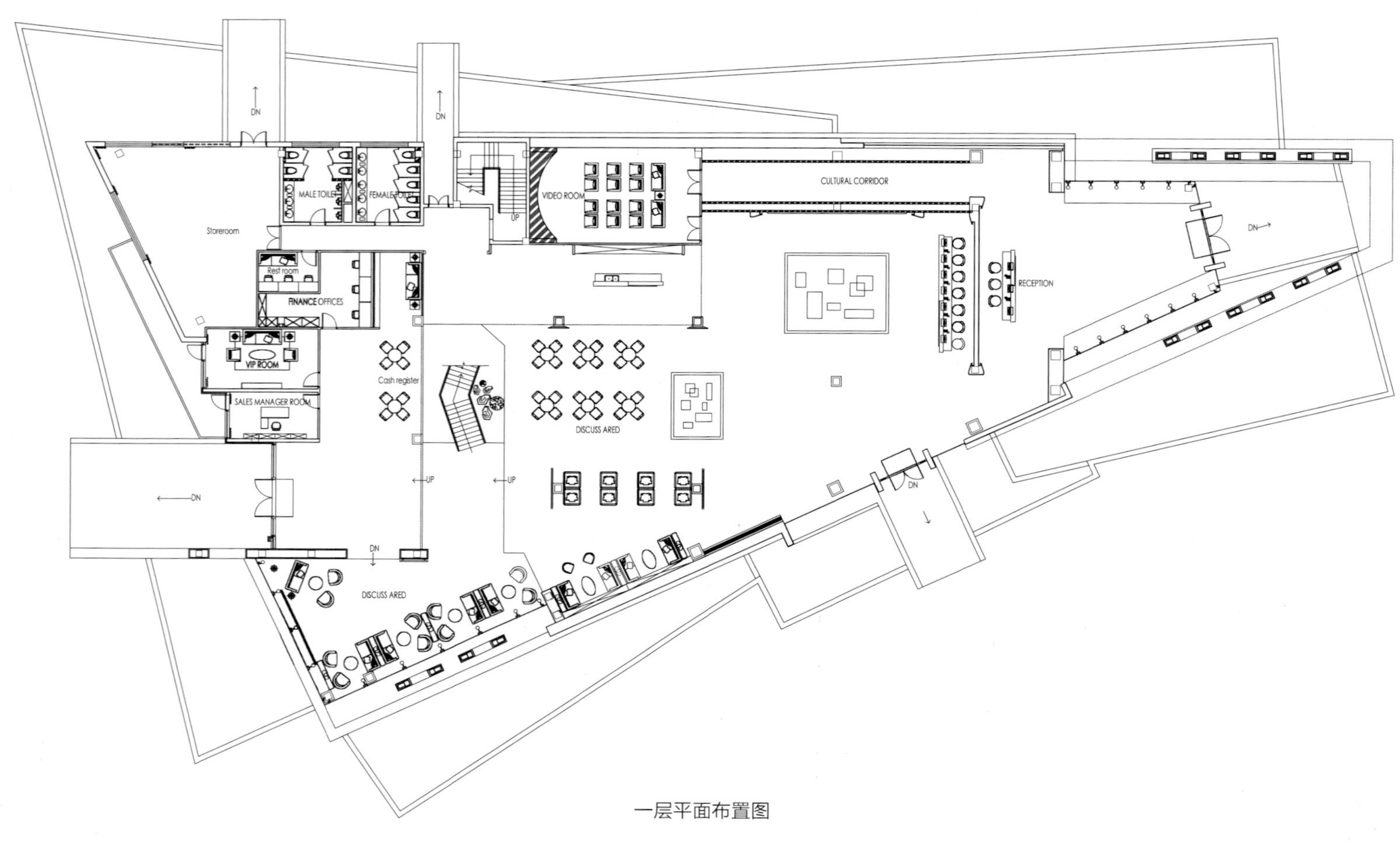

一层平面布置图

东 名城
NOV CITY

东汇名城
NOVA CITY

东汇名城
NOVA CITY

MALE TOILET
FEMALE TOILET
PANTRY
Open office
MUNIMENT
Rest room
Hallway
Locker room
Locker room
MEET ROOM
UP
MANAGER ROOM
Balcony

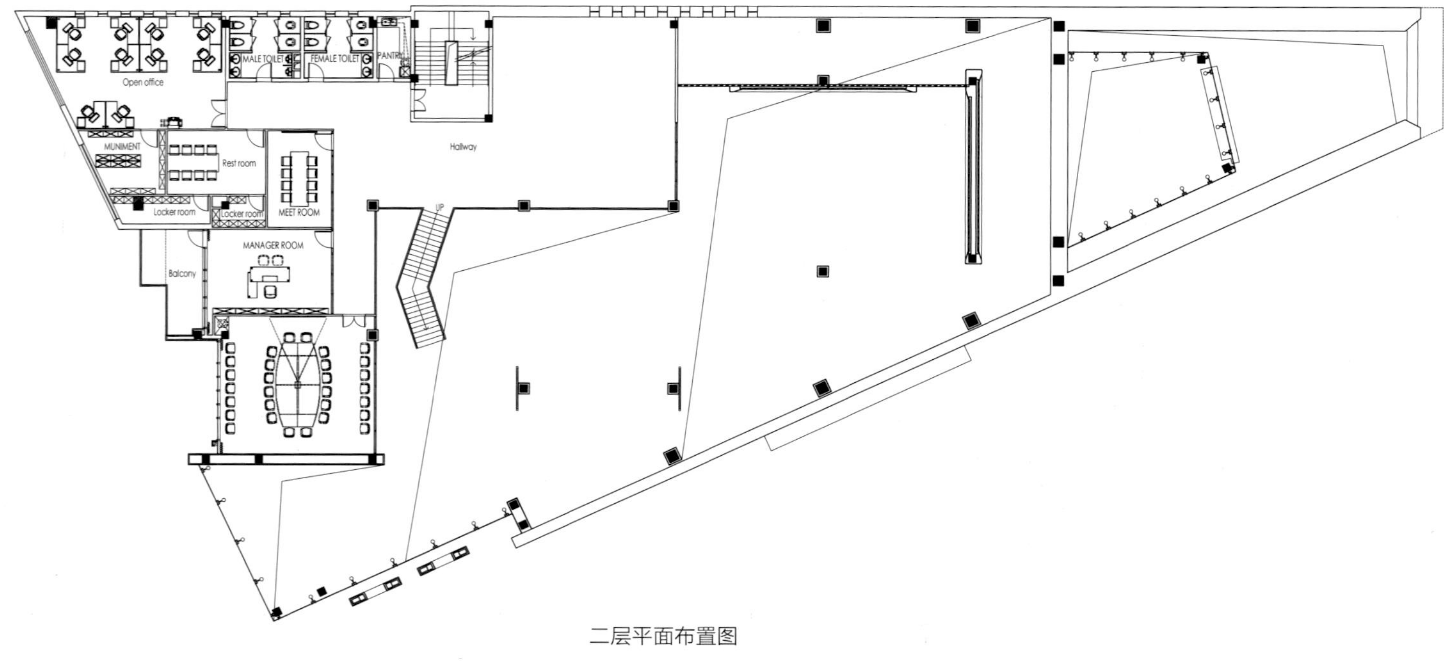

二层平面布置图

LANDSCAPE GREEN CITY

山水绿城

南宁荣和山水绿城会所

设计师有意将外部环境及建筑风格引入室内设计理念，亲自然、亲阳光、亲水景，建筑的斜线元素的延续，手法简练大气，表现出优雅、唯美的姿态，平和而富有内涵的气韵。建筑空间的处理手法、富有气氛的灯光灯饰设计及主题性的艺术陈设，一直贯穿整个空间设计的始终，让空间传达出温馨尊贵的气质，让人流连忘返。

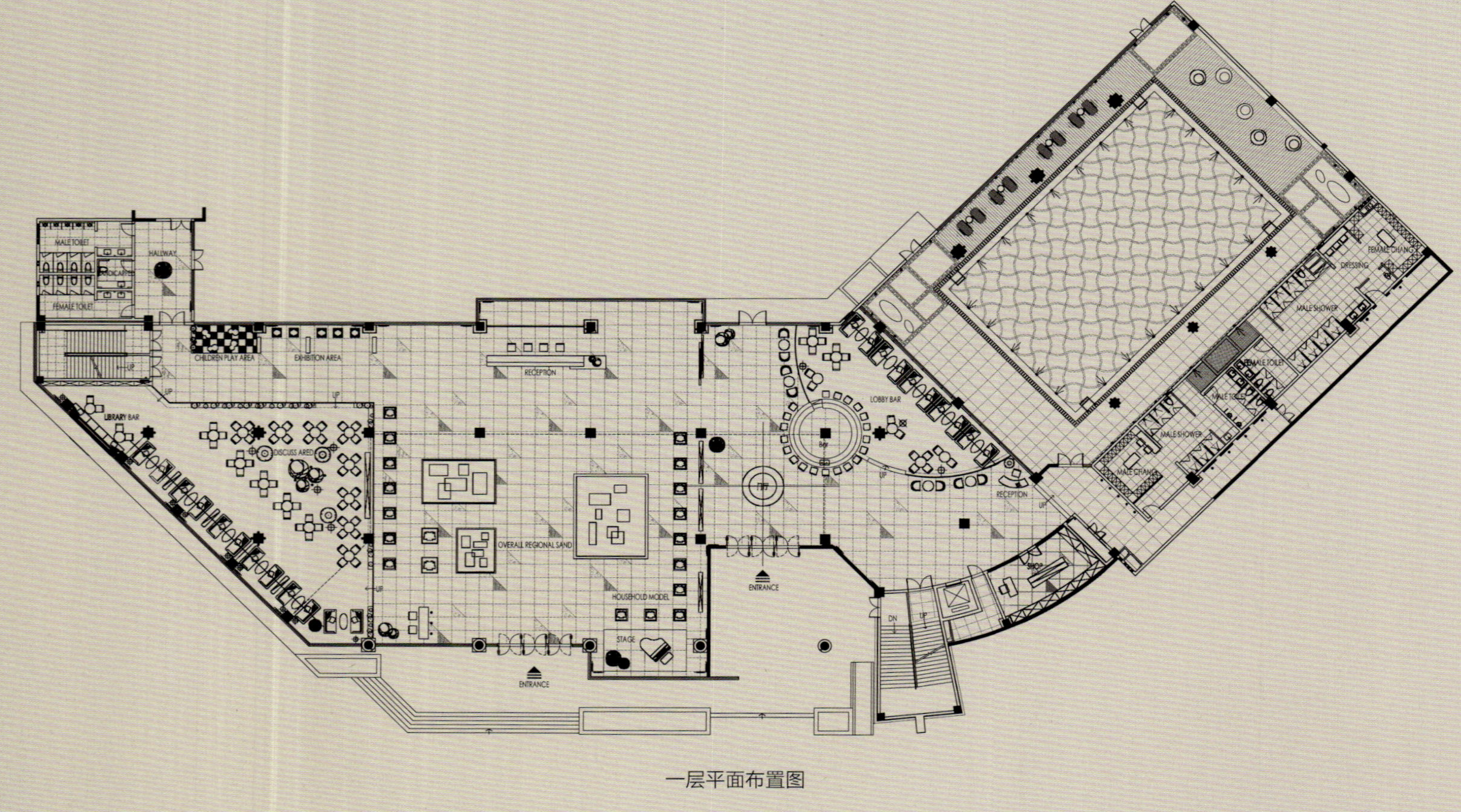

一层平面布置图

客　　户：广西荣和集团
室内设计：EricTai Design Co.,LTD 戴勇室内设计师事务所
项目地点：中国广西南宁
使用物料：灰木纹云石、金镶玉云石、肌理面黄锈石、黑色镜面不锈钢、黑檀木地板、拼花马赛克、不锈钢马赛克、仿云石灯片等
建筑面积：3600 平方米
设计时间：2009-10
完工时间：2010-06
摄 影 者：Jiang Guo Zheng 江国增

THE ONE MANSION

光明一号

深圳盛迪嘉光明一号销售中心

光明一号项目位于深圳光明新区高新西区，周边环境优美，力求打造成区内的标杆型高端项目，从项目的命名可以看出发展商对超群品质的追求。

销售中心利用项目的一二层商铺进行设计规划，为解决交通流线，把两层商铺用旋转楼梯上下贯通，一层为入口大厅和多媒体展示厅，可以通过旋转楼梯及垂直电梯上到二层销售大厅。

销售中心的设计围绕“绿色光明，生态豪宅”的项目定位展开，运用相应的设计元素来传达绿色、生态、自然、宜居的设计主题。设计师在天花及柱身上悬挂了数百条透明的装饰玻璃管，模拟光芒四射的自然场景及璀璨的视觉效果，阳光透过密密麻麻的玻璃细管形成丰富的光影效果，紧扣“光明”的主题。一层大厅用植物墙的元素铺满墙面，传达给客户非常直接的“自然”概念。穿过视觉光影震撼的多媒体展区，客人进一步感受到项目自然生态的概念。通过垂直电梯来到二层销售中心，客人从幽暗的空间进入骤然明亮的销售大厅，流线型的天花造型，墙面宽宽窄窄的浅色橡木柱，丰富的灯光变化，地面深浅不同的大地色石材组成的富有引导性的线条，带给人舒缓、自然并富有变化的空间感受。在以木材、石材修饰的自然空间里，设计师运用不同质感的地毯、挂饰、灯具、雕塑点缀，进一步提升空间的质感，有着放射状图案的地毯、金色的雨丝装饰灯、玻璃细管挂饰、露珠灯、自然主题雕塑、花朵形体的吊灯、橙红的、黄绿色的点缀家具，让空间时尚、奢华、愉悦。

客　　户：深圳盛迪嘉集团
室内设计：EricTai Design Co.,LTD 戴勇室内设计师事务所
项目地点：中国深圳
使用物料：伯爵灰云石、巴黎灰云石、欧州米黄云石、雅士白云石、灰影木饰面、黑色镜面不锈钢、墙纸、夹丝玻璃等
建筑面积：1650 平米
设计时间：2014-04
完工时间：2014-11
摄 影 者：ChenWeiZhong 陈维忠
艺术陈设：戴勇室内设计师事务所

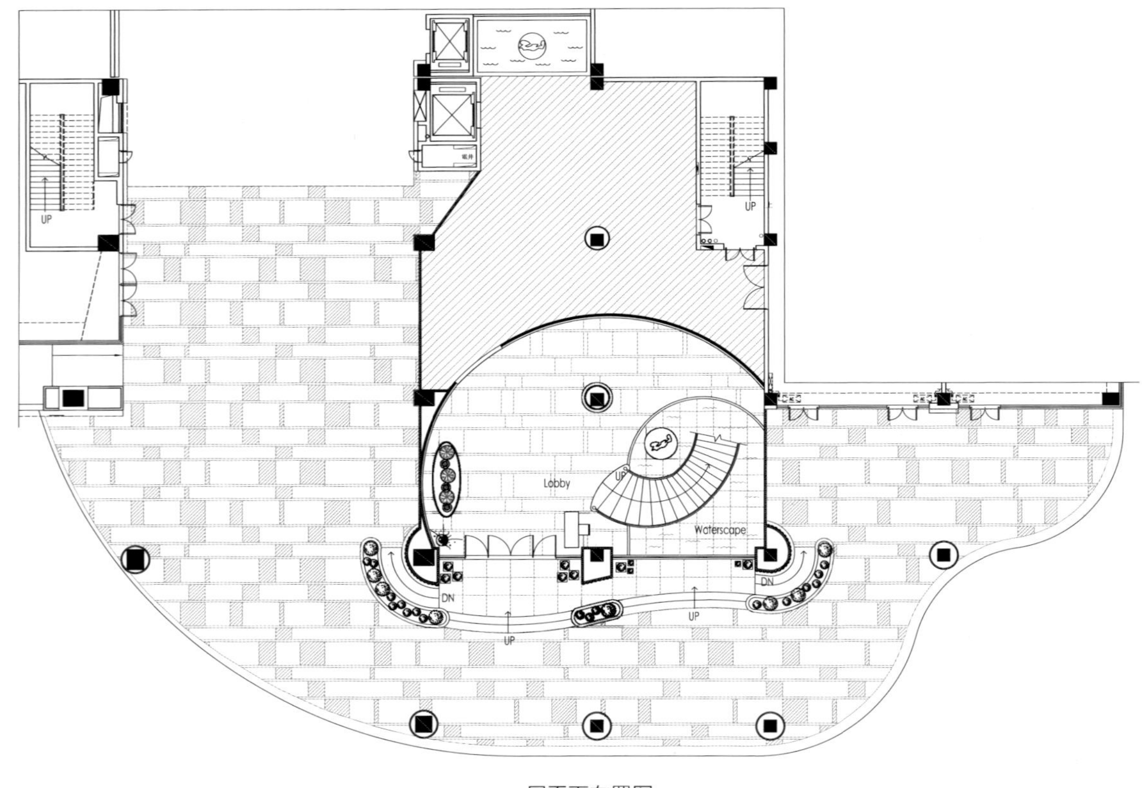

一层平面布置图

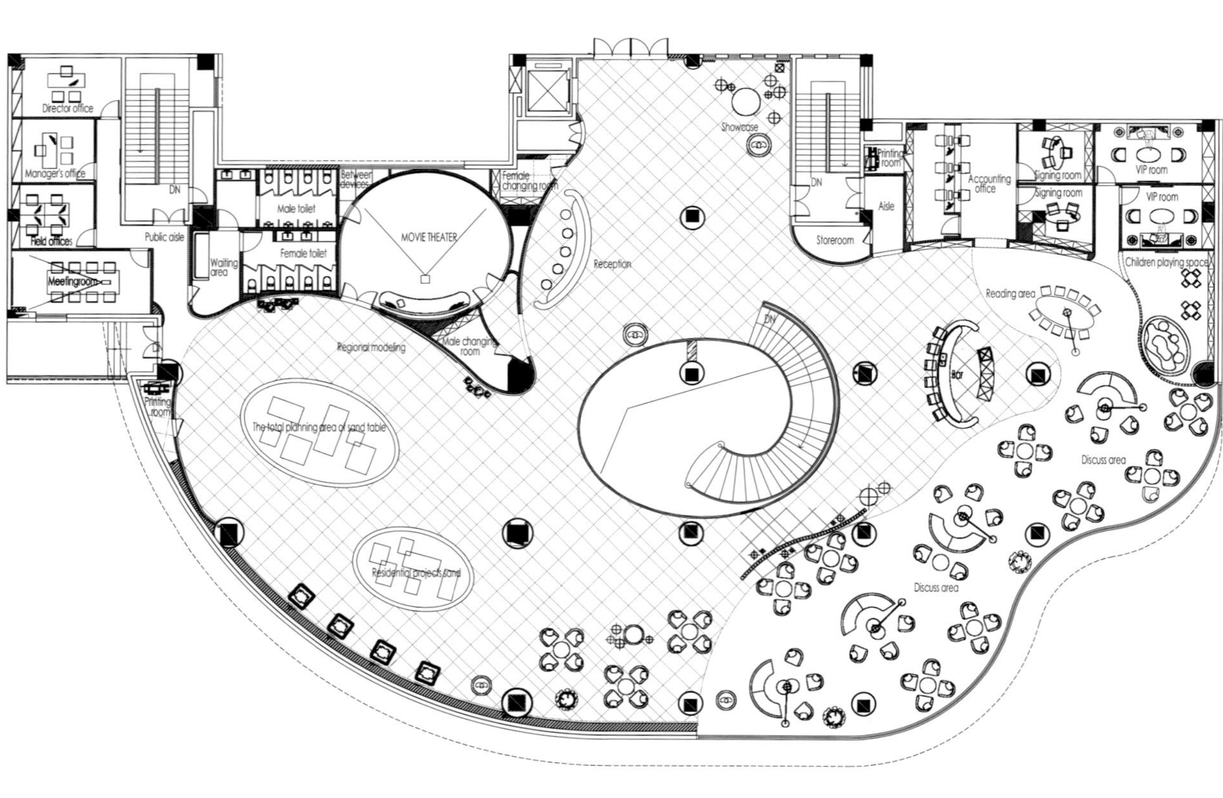

二层平面布置图

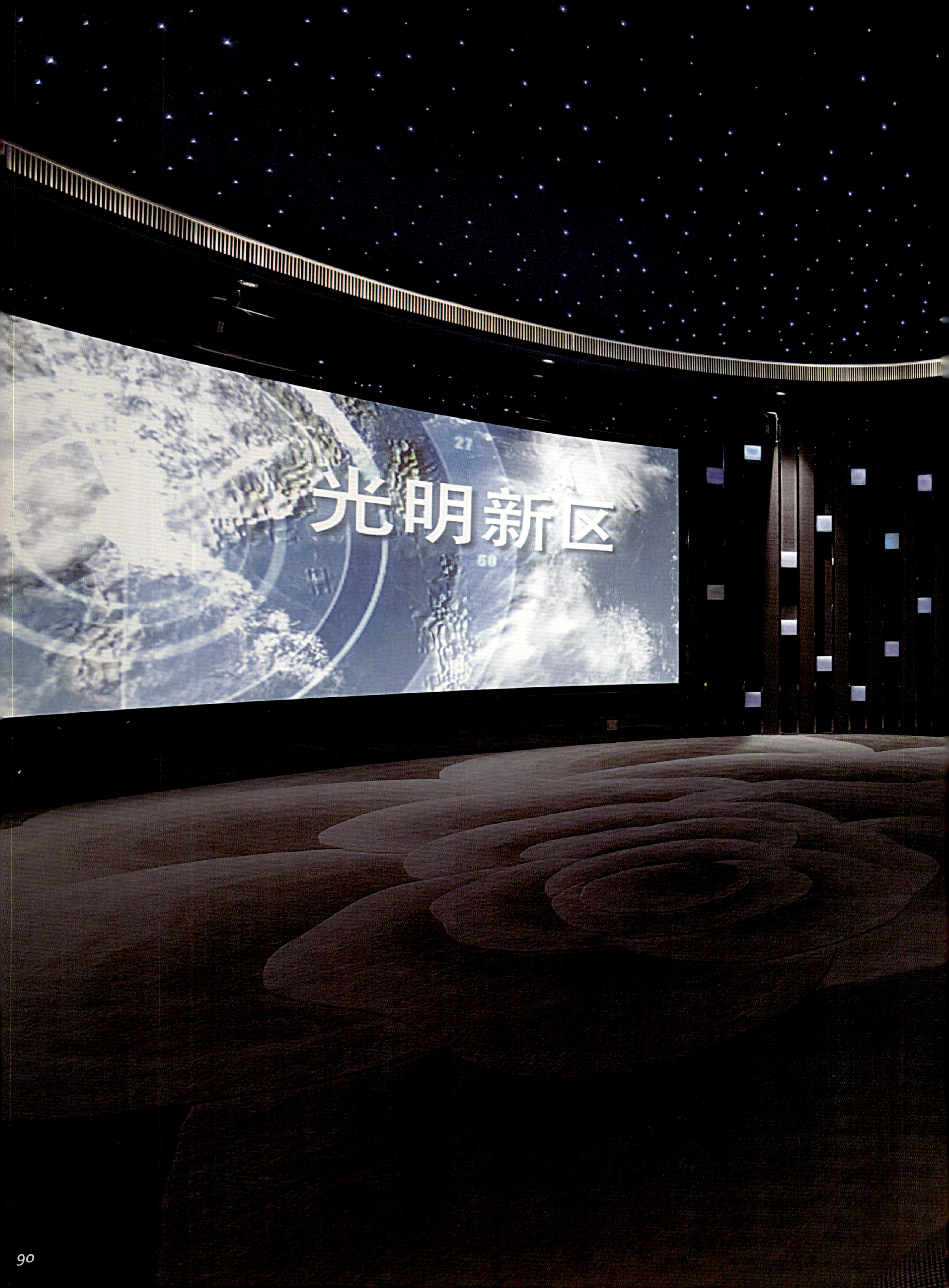
光明新区

收银签约区

CENTURY
ASSIMILATIVE MEMORY — LOISETTE

收银签约区

LOOKING FOR LIGHT LINES

寻找轻盈的线条

有一本书叫《时间旅行者的妻子》，主人公亨利是个既活在当下又同时活在过去与未来的人，他会经常出其不意地、无法自控的就消失了——或返回自己的过去或穿越自己的未来一这是件多少人羡慕不已的事！但亨利常常为此感到绝望，因为穿越途中他无法改变任何自己不希望发生的事 - 明明知道那个小女孩再往前一步就会车祸丧生，但他却不能阻止这件事的发生——只能眼睁睁地看见并经历它——因为有一种力量注定她要这样离去。亨利摆脱绝望感的方式是跑步，风雨无阻。

对亨利而言起跑才是生活的开始，跑是他证明自己存在的方式：身体服从意志，不再惧怕消失，不必遵循人类的既定规则，只要紧跟着风的方向。不再忧虑前面的路应如何走下去，跑起来的时候脚下的路就像一部幻灯影片，他记起小时候，很久以前……他在飞翔，迎接光的体验，他是空气的一部分，像野豹一样的敏捷，像空气一样的轻盈，没有压抑、挥之不去的孤独与恐惧，他确信没有任何东西可以阻止他，阻止他自由前行。

有一位装置艺术家叫 JOSEPH CORNELL（1903-1972），终生都喜爱摆弄盒子，这个气质内向、理性、与当时的超现实主义浮夸风气格格不入的人，喜欢将一些不起眼的边角余料和短暂易碎的什物，通过一种神秘的方式组合在一个精巧的小手工盒子里，表现超现实主义的核心主题。他专心致志地摆弄盒子，拯救自我的孤独。JOSEPH 最为人熟悉及喜爱的作品是他的鸟盒子系列，他乐此不疲的为各种各样的鸟“筑窝”，孜孜不倦地为它们的家做“室内设计”，这样做是因为他认为鸟是自由的，有了窝就安全了，而他渴望自由与安全。

有一位设计师从小除了画画和书法，没有一门功课是好的，学习于他是恶梦。唯一的荣耀是小学时画的国画曾出国展览过，高中硬笔书法获得过一等奖，考大学素描专业分班级第一名，其它一切，全程压抑。后来偶然走上设计的路，踏上天赋的旅程，取得一些成绩。但和每个设计师的经历一样，常会遇到自己的方案不被接受、不被理解、甚至刺耳的言语；做每个项目的过程都是辛苦的，有催图的、有拖欠款的、反复修改的，有完工了施工图阶段的款都不付的，也有的干脆没钱付的。设计的过程也没办法避免取悦客户，这种取悦甚至会变成习惯，失去自我；设计状态也不可能一直都很好。然而设计依然是他的慰籍：“我躲在设计里，逃离这个世界；同时我又用设计与这个世界交流。”（摘自戴勇设计微博 2013-06-08）这个设计师叫戴勇。

戴勇是个跑者，他以跑步的方式维持自己的身体与心灵平衡。跑无关乎战胜别人，唯一的对手就是自己，跑起来感悟初心的回归，捕捉色彩的微妙变幻，寻找轻盈的线条，感知自然万物的美态万千。美可以是一缕熹微的晨光，可以是白雾下的水仙；美可以是海边的贝壳，可以是虬劲的树根；可以是我行我素的浪荡公子哥儿常玉的画，可以是墨海翻飞的中国书法；美可以是新工业技术的效率，可以是感官上的冲击。美是视觉的美妙要求，灵动、轻盈，让人看见设计对生活的影响，看见自己依然热爱设计的理由。

“设计是创意的行业，任何作品的产生会经历非常艰难痛苦的过程，艰苦、枯燥、繁琐、紧迫，并充满着矛盾、纠结、紧张及担心。如果你要进入这个行业，确信你非常爱设计，并做好了一切准备，持续保持对设计和生活的激情。”（摘自戴勇设计微博 2013-05-12）

MERCEDES BENZ HOME

奔驰之家

深圳招华曦城叠加别墅样板房

位于尖岗山豪宅片区的招华曦城项目，尽享尖岗山稀缺自然生态资源、环境优美。出则繁华、入住自然，是每个都市人的居住梦想。生态型居住，不仅是一种简单的生存需求，更是一种高品质的生活追求，一种对绿色、健康、闲适生态宜居的追求。

奢华的简约。设计师配置了客餐厅、书房、中西厨、家庭厅、藏衣间、桌球室、酒吧区及四间卧房。户外的精致花园通过设计师的精心规划，也具备了休息区、品茶区及娱乐区等多个功能。在平面规划时，尽可能地打开空间，形成通透共享的室内格局。简洁的天花和立面处理、时尚的弧形线条、黑色镜面不锈钢线条及流线型的 Mercedes-Benz 品牌家具，形成统一的现代、时尚，并具未来感的设计语言。整体硬朗、精致、流畅的空间中，设计师大胆地加入了纯净的白色时尚水晶灯饰和一点点暗紫色彩，给空间带来了层次丰富的质感和色彩关系，极简的空间中带入了耀眼的璀璨，沉静的空间里流露出冷艳的气质。

客　　户：深圳招商华侨城投资有限公司
室内设计：EricTai Design Co.,LTD 戴勇室内设计师事务所
项目地点：中国深圳
使用物料：格力士灰云石、西班牙仿石砖、镜面黑色不锈钢、皮革、胡桃木、橡木地板、Mercedes-Benz 品牌家具等
建筑面积：350 平方米
设计时间：2012-11
完工时间：2013-07
摄 影 者：Jiang Guo Zheng 江国增
艺术陈设：戴勇室内设计师事务所

AllShare Play / My list /
My list
Videos
Photos
Music
Recorded TV
Recently played
View More
Updated files will be displayed here.
Playlist
Login
Tools
Return
TRIANGLE CONSTRUCTION
TRIANGLE CONSTRUCTION
TRIANGLE CONSTRUCTION

LANDIA
CCESS
ODKA

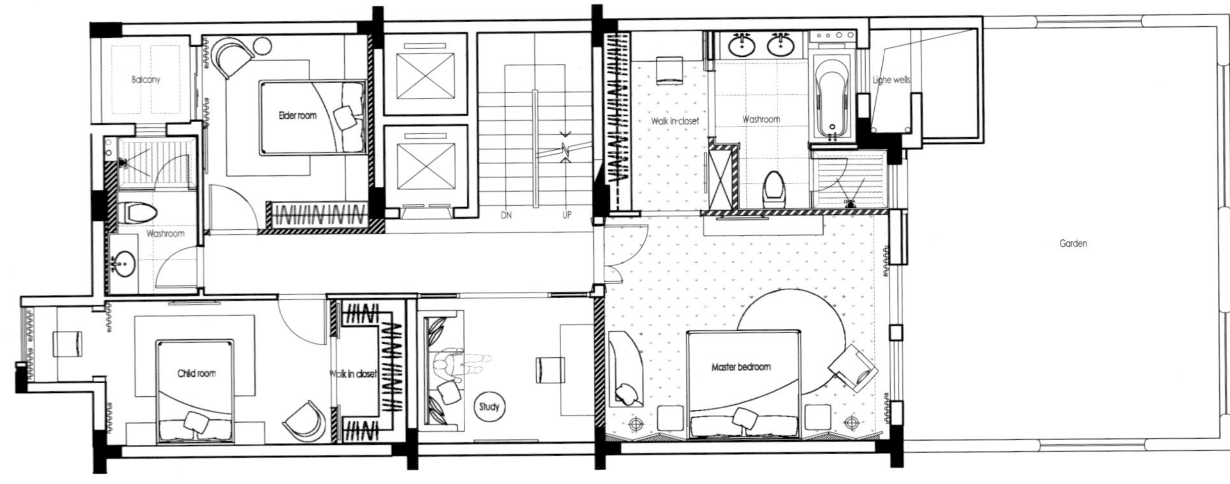

一层平面布置图

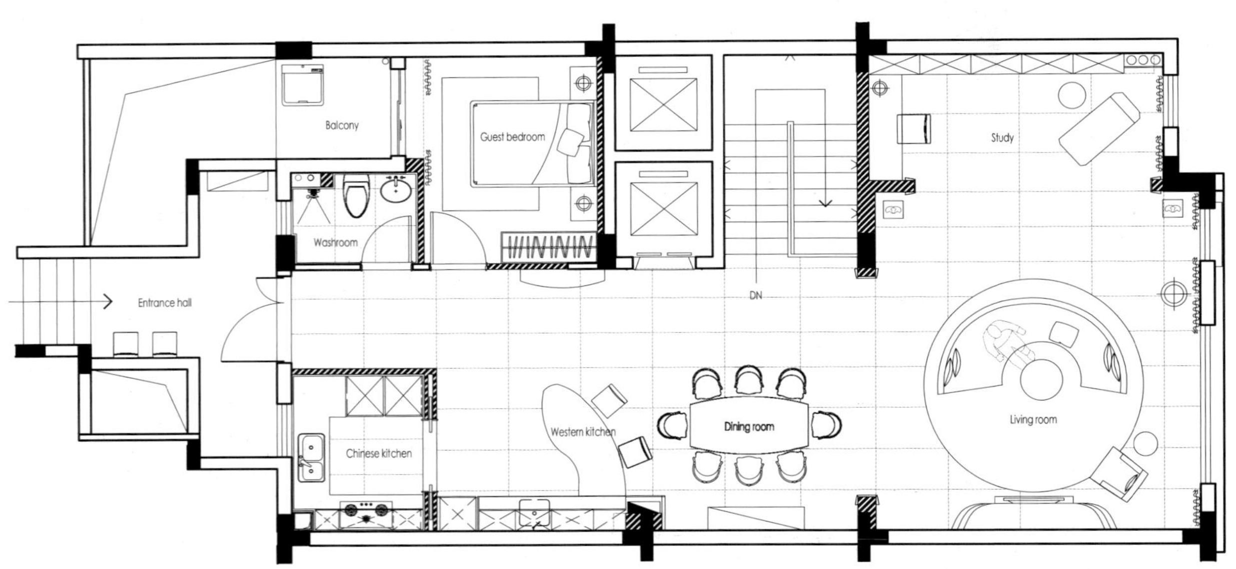

二层平面布置图

SILENT GIANT
THE SOUL OF SCOTLAND
Mediterranean
interior

LUDWIG STREICHER
LIVING PRESENCE STEREO 35
JANOS STARKER
TRIANGLE CONSTRUCTION
TRIANGLE CONSTRUCTION
TRIANGLE CONSTRUCTION
SCIENCIA
150 Best Kitchen Ideas
Mediterranean
Mediterranean
SPACE
SPACE

Run Your Race
ELLIOTT ERWITT
DOG
MOON

chillida - gale

TOP ISLAND HOME I

东岸 I

惠州东岸样板房 I

含蓄的简约。总有一些大隐隐于市者，他们并非塔罗牌上的隐士形象：身着长袍，提着一盏灯、拄着拐杖，在黑暗中孤独地摸索前进。相反，他们外表俊逸，衣着时尚，品味优雅，举止从容，或睿智豁达谈笑风生，或思虑周密冷静寡言，并无与世无争拂尘而去之势。要了解他们的真实追求，不防透过他们的居室风格，察觉他们真正的自我目标：放弃外在的诱惑，追求高层次的事物，达成内心的平静。含蓄的简约是一种更高层次的创作境界，不落俗套却脱颖而出。

平面布置图

客　　户：广东方直集团
室内设计：EricTai Design Co.,LTD 戴勇室内设计师事务所
项目地点：中国广东惠州
使用物料：木纹米黄云石、格力士灰云石、夹丝玻璃、灰橡木饰面、米白色皮革、灰镜、黑色镜面不锈钢、橡木地板等
建筑面积：138 平方米
设计时间：2013-10
完工时间：2014-04
摄 影 者：ChenWeiZhong 陈维忠
艺术陈设：戴勇室内设计师事务所

MORAND
Jane Eyre
Arletta
CENTURY
CENTURY

Audrey
The 60s

CENTURY

MORAND
Packaging
CENTURY

CENTURY

SONY

SHENZHEN CENTRAL MOUNTAIN I

中央山 I

深圳中央山样板房 I

个性的简约。大都会的人们脑子里塞满了信息，为了不至脑残常常要做自主分析，将信息分为垃圾的和有用的，out 的和 fashion 的，也将思想分为正能量的或负能量的，可当满脑子熊熊燃烧着正能量的时候，生活却会出其不意给予重棒一击，让满腔热血饱尝“打了鸡血”过后的一声叹息。大都会的光阴穿梭就是一曲人生如歌，愤世嫉俗的摇滚，忧郁伤感的蓝调，婉转悠扬的抒情，明快活泼的打击乐……在纷呈的音乐背景下产生了一种大都会现代室内设计风格，它以视觉上的“空”来缓解心理感受上的“满”，灯光一定要有氛围，装饰品一定要有现代艺术品味，色彩搭配不必斑斓多彩，但偶尔也需一抹橙黄桔绿的抚慰，反映都市人的一种情感心态。

客　　户：深圳福盈置地房地产有限公司
室内设计：EricTai Design Co.,LTD 戴勇室内设计师事务所
项目地点：广东深圳
使用物料：木纹米黄云石、格力士灰云石、灰橡木饰面、黑色镜面不锈钢、灰镜马赛克、墙纸、米白色皮革、橡木地板等
建筑面积：96 平方米
设计时间：2013-08
完工时间：2014-07
摄 影 者：ChenWeiZhong 陈维忠
艺术陈设：戴勇室内设计师事务所

KEEPING TIME

Chillida
Galerie
Maeght

Chillida
Galerie
Maeght

Vestibule
Kitchen
Dining room
Washroom
Gril's bedroom
Living room
Study
Master bedroom
Balcony
平面布置图

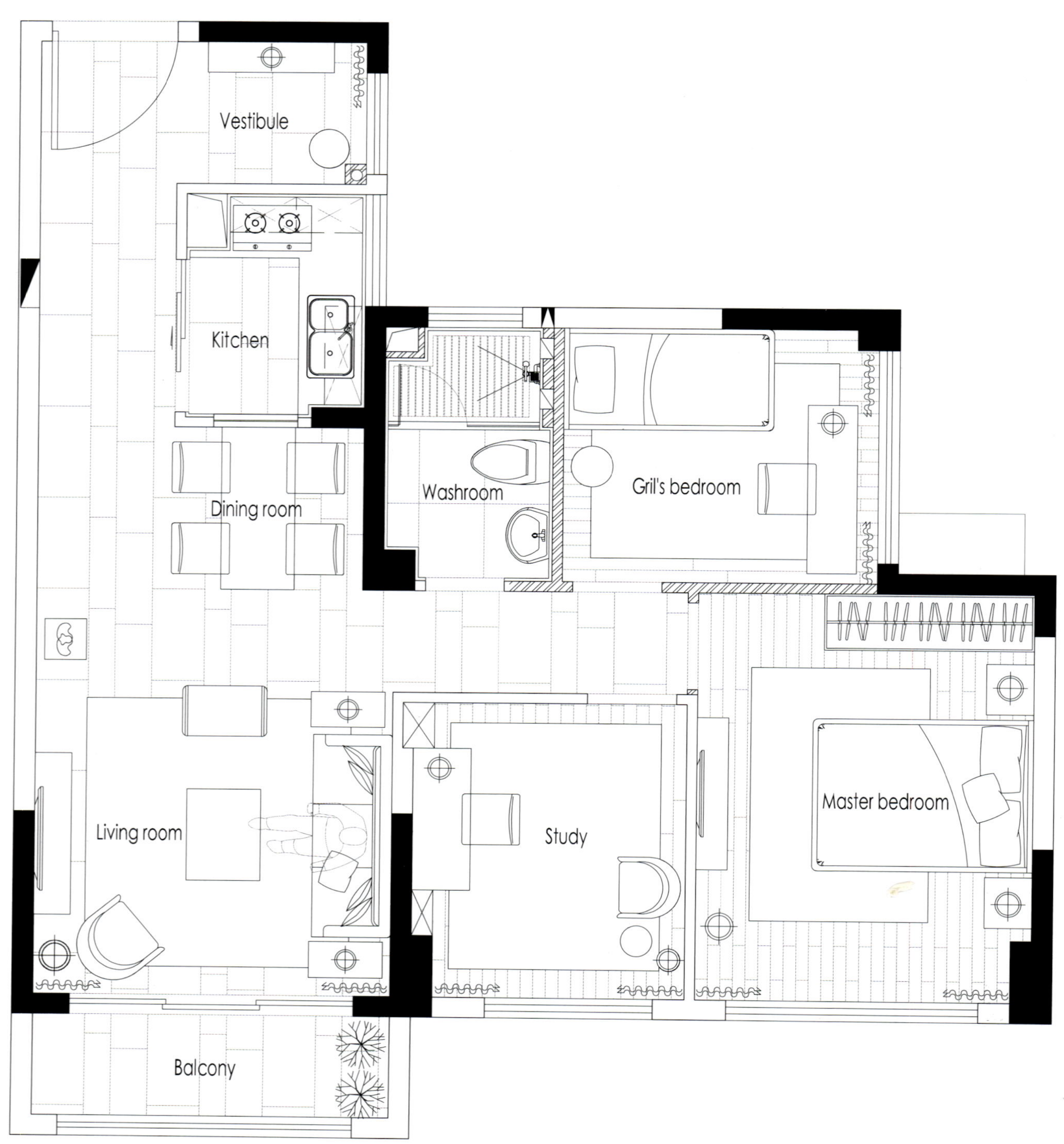

PACIFIC NORTHWEST
NEW YORK CITY
PACIFIC NORTHWEST

THE LEGEND

珑湖湾

江门珑湖湾样板房

华丽的简约。简约的是空间的造型线条，却无法抑制满堂的华丽飞溅，就像 Ian Schrager 打造精品酒店的概念：豪华简约。当年 Ian Schrager 对自己的这一创新概念还做了一个更口语化的解说：豪华简约就是“好口味”。由玫瑰金色主导满屋的波光涟漪，以丰富的灯饰造型塑造空间的立体感，材料的选用讲究丰富的纹理，准许它们与灯光的互动来获取更强烈的感官体验。金色的吊灯与橘红色的饰画除了尽显东方气质，它们的融合也可称得上是世界最奢华的色彩搭配，能营造出一种古老的皇家贵族风情。再以原木色与黑白积云画面来释缓可能造成过于强烈的视觉冲击，整体上它想表达的情感就是华丽的吸引力，闪亮的登场，一种自豪的物质语言：豪华简约就是“好口味”

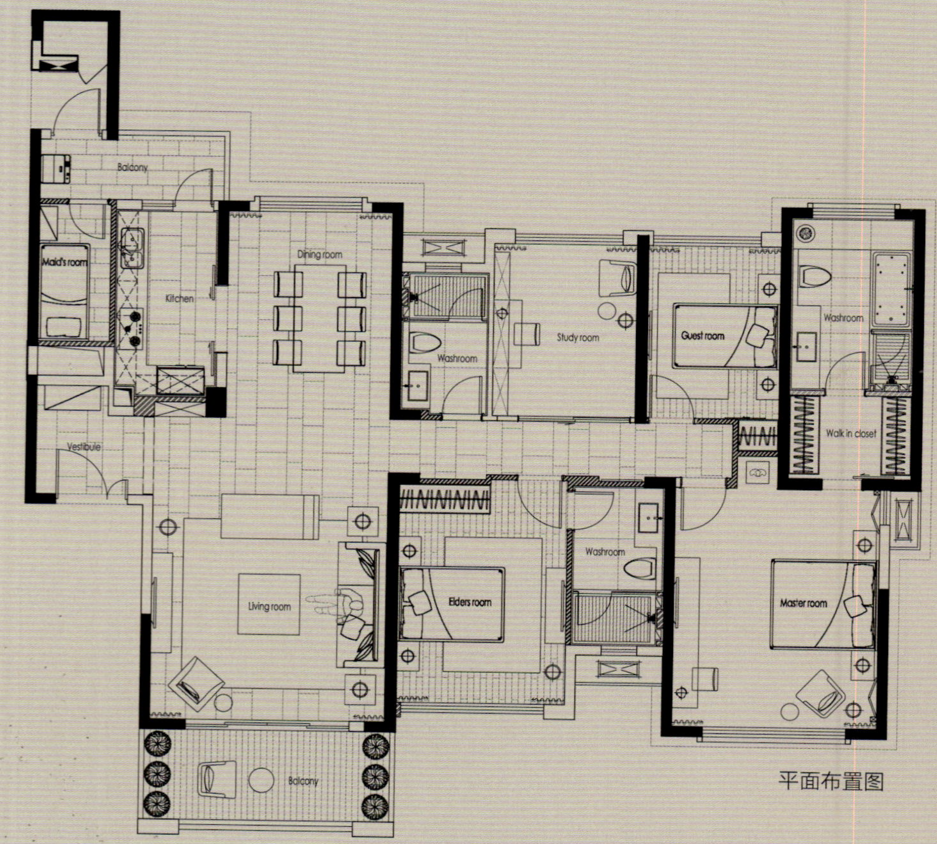

平面布置图

客　　户：广东方直集团
室内设计：EricTai Design Co.,LTD 戴勇室内设计师事务所
项目地点：中国广东江门
使用物料：乔布斯云石、格力士灰云石、幻彩线饰面、米黄皮革、黑色镜面不锈钢、夹丝镜、橡木地板等
建筑面积：167 平方米
设计时间：2014-03
完工时间：2014-12
摄 影 者：Chen Si 陈思
艺术陈设：戴勇室内设计师事务所

ROYAL GRADEN I

君御 I

惠州君御样板房 I

这是一个亲切的家，家居配色不炫丽不张扬，但无论春夏秋冬它都不会发生太大的落差，一种平稳的居家氛围。家具、灯饰、配件，没有一件锋芒毕露，质朴的造型、实用的功能，小鸟塑像和立体造型的孔雀开屏式饰品显得生趣活泼，但显然大厅的抽象画是主人用以跟外界交流的主题。

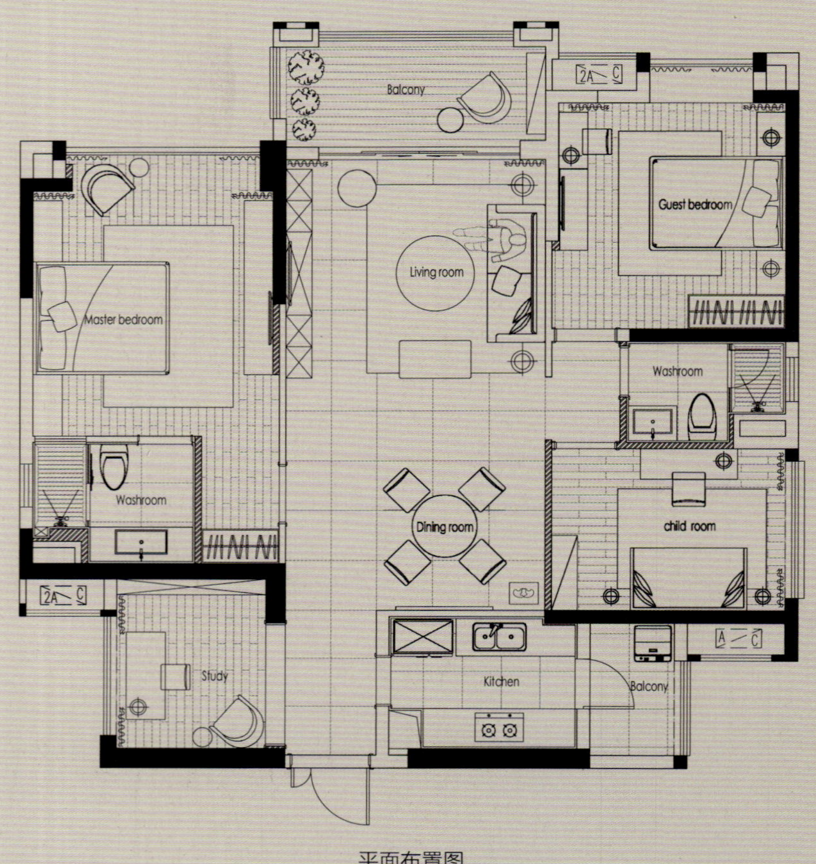

平面布置图

客　　户：广东方直集团
室内设计：EricTai Design Co.,LTD 戴勇室内设计师事务所
项目地点：中国广东惠州
使用物料：铁刀木饰面、格力士灰云石、米白皮革、榉木喷白色漆、壁纸、金刚柚木地板等
建筑面积：108 平方米
设计时间：2012-10
完工时间：2012-08
摄 影 者：Jiang Guo Zheng 江国增
艺术陈设：戴勇室内设计师事务所

CENTURY
MORAND
CENTURY
MORAND

CENTURY

paradisebydesign
MAGNUM
GLOBAL HOUSING PROJECTS
The Architectural Detail

SUMMIT

峰荟

惠州方直广场峰荟样板房

以简洁的手法开创敞亮的空间，追求精致的同时保持华丽。整体上看似乎这是一个没有色彩的空间，白、灰、黑、褐，然而它极为耐看，奥秘在于对中性色的巧妙运用，因着色值和色彩强度的变幻不同，不同的中性色背后隐藏着原色的影子，又以不同材质物料自身所具备的纹理，如电视墙的水波纹大理石及同一面墙上采取了不同的线条造型，展现出设计师在轻盈线条上的成熟技巧。华丽水晶灯与造型纤巧优美的吊灯，还有玻璃的花纹，足以让空间流动起来，再追加一点点古铜金色、琥珀水晶的点缀，空间不仅脱离沉闷，而且散发出低调独特的魅力，简约稳重，含蓄华丽，质朴又充满现代感。

空间的利用率及实用性是本案最大的特色之一，设计师运用娴熟的空间处理手法，将所有可能的收纳空间都巧妙进行内藏，不仅在审美上还是在实用功能上，都非常适用现代化居家生活方式的高品质要求。

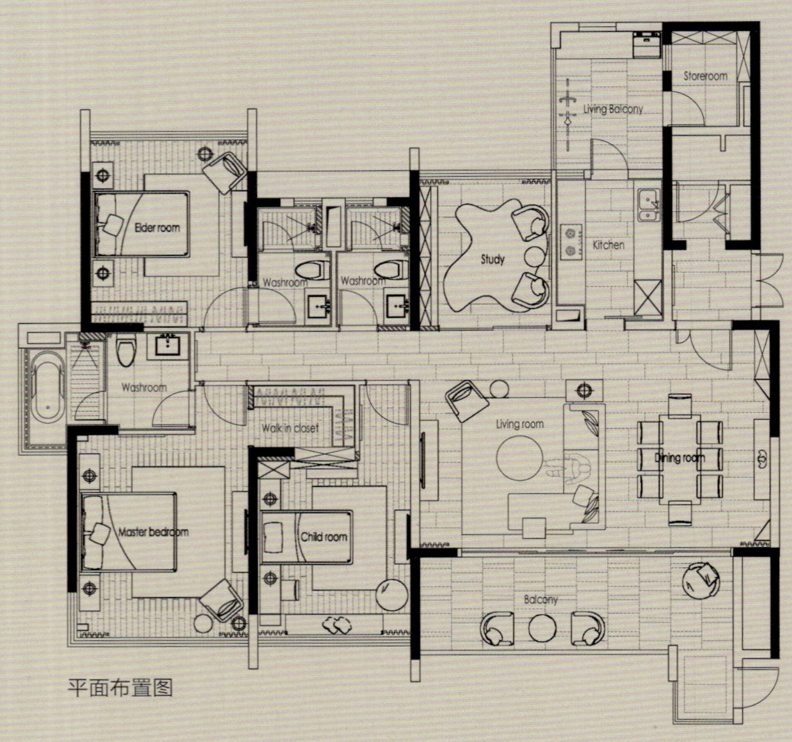

平面布置图

客　　户：广东方直集团
室内设计：EricTai Design Co.,LTD 戴勇室内设计师事务所
项目地点：中国广东惠州
使用物料：格力士灰云石、银灰洞云石、幻彩线饰面、黑色镜面不锈钢、夹丝镜、灰色皮革等
建筑面积：150 平方米
设计时间：2013-04
完工时间：2013-11
摄 影 者：Jiang Guo Zheng 江国增
艺术陈设：戴勇室内设计师事务所

MODERN COUNTRY INTERIORS

CENTURY
CENTURY
Dinu
Lipatti

SLR
SLS AMG

MEXICO
AMSTERDA
NEW YORK
NEW YORK DOZEN
Fastest

KING STONE

莱安逸珲

西安莱安逸珲样板房

这个精致的家有点 JOSEPH CORNELL 的影子，整面墙上群鸟飞翔，头顶的吊灯像一个个鸟蛋，它们之间的视觉比例并不要求协调，但可以是合成的象征，象征自由与爱。充分体现空间现代感的是无处不在的灵动线条，布艺硬包的轻微凹凸感，榉木喷漆墙面上的直线勾勒，墙纸图案上流星雨般的密细直线，它们与家具的圆缓造型、地毯抱枕的图案与色彩，错落有致精美和谐。舒适的沙发搭配 Shell Chair 的特色造型，立体主义装饰画及现代主义雕塑品，材质略显拙朴但灯身轻巧的床头吊灯，黑白美女照性感炫酷的表情……赋予一个空间情感与趣味的往往是陈设艺术，有些时候陈设甚至比设计还重要，也更能体现设计师对生活与艺术的理解深度。

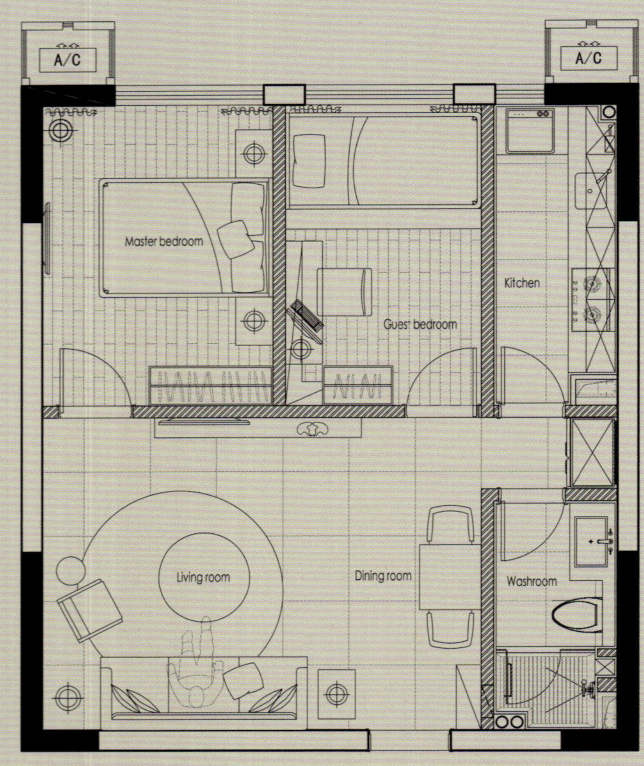

平面布置图

客　　户：西安莱安集团
室内设计：EricTai Design Co.,LTD 戴勇室内设计师事务所
项目地点：中国陕西西安
使用物料：乔布斯云石、银灰影木饰面、橡木地板、布艺硬包、榉木喷白色哑光漆、墙纸等
建筑面积：90 平方米
设计时间：2014-01
完工时间：2014-09
摄 影 者：ChenWeiZhong 陈维忠
艺术陈设：戴勇室内设计师事务所

DENMARK
AMSTERDAM
LONDON
ACNE PAPER

The fish in the water is silent, the
earth is noisy, the bird in the air is
But Man has in him the silence of
the noise of the earth and the mu
VANITY FAIR 100 YEARS

Canon
EOS
400D

LONDON

ACNE PAPER

HOW TO UNDERSTAND DESIGN DEGRADATION?

如何理解设计堕落?

我们见过太多文化流氓，所以当听到有人形容戴勇的气质“是一种典型的中国文人风骨 - 有风范有骨气”时，有人的反应是不以为然。但实际上他是，即便一身 yuppies looks 的装扮，但当他坐下来跟你谈话的时候仍是一副儒范。与戴勇打过交道的人，提起戴勇为人处事之温和正气，有口皆碑。翻看戴勇设计的新浪微博，2012 年他曾引用过许知远先生的一段话：

“或许我们改变不了整个社会，但个人的抵抗、内心的抵抗却仍可能。当你抱怨整体的沦丧时，并不意味着你个人一定沦丧。你可以谈论历史与记忆，音乐与诗歌，人生的丰富，理解他人的痛苦，扩展生活的维度。你不一定要成为斗士，也可以成为一个有教养的人，有思想与情感深度的人。”

也许这就是他风骨背后的内容。戴勇自称自己的作品不夸张、不惊人。而对于设计创新，他的自评是：“我们还谈不上创新，只是选择，选择不做什么，能选择对就好，还好我们的设计还没堕落。”

如何理解设计上的堕落？“复古设计、不节制的设计、没有内容的设计都是堕落。设计是很讲逻辑性的。我们这些年的设计也在加强逻辑性，但学艺术的设计师又往往缺乏逻辑，作品就经不起推敲。设计的理由、手法、用材需环环相扣，好的设计一定是现代设计，对未来有启发的设计，而不可能是纯商业设计，需要加入更多艺术和人文的内容。” ——戴勇

十年前在深圳大芬村靠临摹欧洲古典油画红火发达的画师，如今不再有市场，因为室内装饰的大趋势已发生改变，人们不再盲目的即使仅有一套五十平方的居室也要顶上两根罗马柱。设计改变了大众的品味，而大众的品味提升反过来也对设计提出更高要求。如果室内设计师以不取悦市场而自居，这不太可能，就像身怀某种绝技的人，不创新不一定等于死亡，但结果可能等同于爱斯基摩人，那个地方肯定会有人去朝圣，但基本脱离人类文明。取悦有时候也是一种探索，看看自己还能做什么，不能做什么。取悦不等于谄媚，从而实现更高层次的自决。一种文明没有创新就会灭亡，历史上的斯堪的纳维亚文明、玛雅文明，现如今只能从历史学家的作品中去寻找，它们已成为消失的人类文明，更何况室内设计。

“室内设计是满足需要，解决问题，不是纯艺术创作，纯艺术创作更多是表达艺术家的感受”。——戴勇

如果从满足用户需求、挖掘产品功能、采用新材料新技术的角度来看，戴勇设计近两年在作品创新上继续让人有所期待。在深圳招华曦城叠加别墅“KENZO 之家”样板房中，设计师运用自己对中国传统风格及当代文化的充分理解，摒弃纯粹的元素堆砌，将现代元素和传统元素结合在一起，打造出极富传统韵味的家居。而在运用色彩魔术师 KENZO MAISON 的系列家具上，让牡丹红、郁金香黄、牧草绿等醒目的颜色，创造了新的空间惊艳。

KENZO HOUSE

KENZO 之家

深圳招华曦城叠加别墅样板房

对更多物料运用的尝试让空间有了不同的视觉效果，极大地丰富了东方风格设计的手法及工艺，让空间体现出新的视觉形象。卧室的坡屋顶挑高也是空间的一大亮点，通过天花的造型 处理营造出浪漫的度假感受。三处屋顶天台更是让主人可以随时随地享受灿烂的阳光。水墨纹的仿石砖、黑白的主体色彩、中国红元素、紫铜的莲花挂饰、围屋状的品茶室、金属假山石雕塑、年轮地毯、当代水墨、新颖的KENZO 品牌家具及富有异域奢华感觉的床品等，许许多多的设计元素最终融为一体，统一在一个既东方，又当代的黑白灰的尊贵氛围中，时而跳动出的一抹红色、桔色或黄色，带给人不间断的愉悦感受。东方风格一直是表达不完的主题，在这个设计案中设计师融入了更多的当代设计元素及抽象图形，表达当代东方的空间意韵。

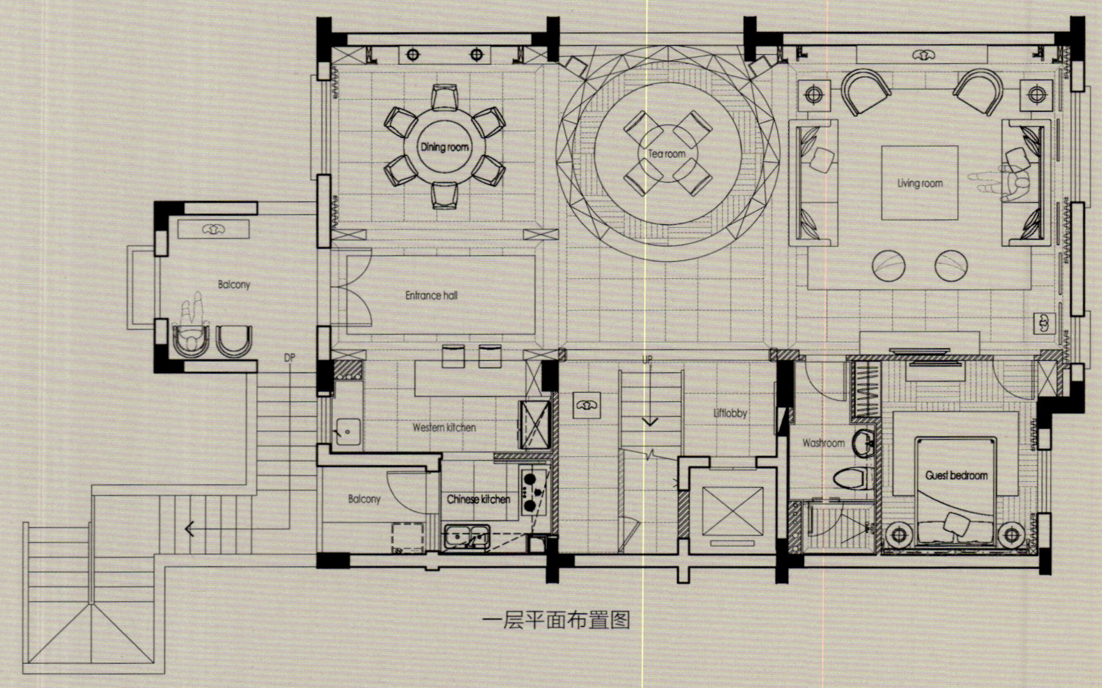

一层平面布置图

客　　户：深圳招商华侨城投资有限公司
室内设计：EricTai Design Co.,LTD 戴勇室内设计师事务所
项目地点：中国深圳
使用物料：金镶玉云石、雅士白云石、西班牙仿石砖、镜面黑色不锈钢、麻草壁纸、铁刀木、真丝布艺、仿古橡木地板、KENZO 品牌家具等
建筑面积：350 平米
设计时间：2012 年 11 月
完工时间：2013 年 09 月
摄 影 者：Jiang GuoZheng 江国增
艺术陈设：戴勇室内设计师事务所

KENZO

KENZO

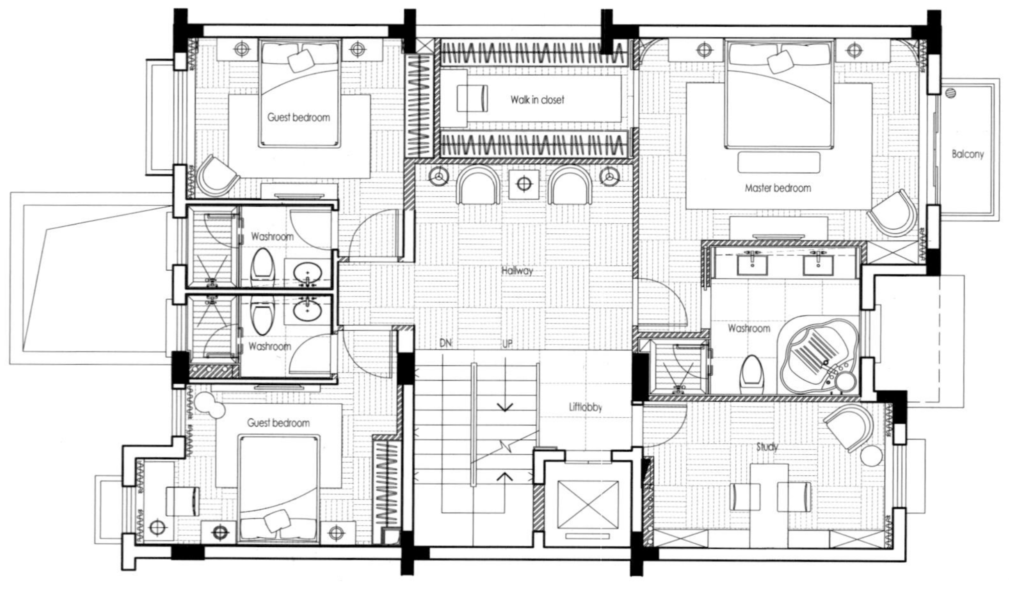

二层平面布置图

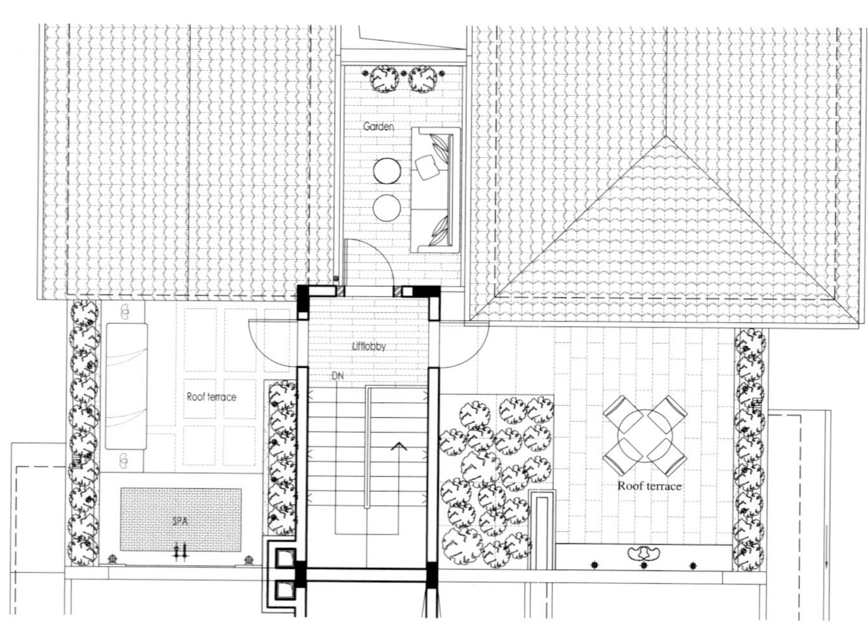

三层平面布置图

2006
PAUILLAC

WHO IS THE GREATEST DESIGNER?

谁是最伟大的设计师?

很难想象一个优秀的设计师没有精湛的绘画功底，就像很难想象一个擅长表现自然主义风格的设计师只擅长塑造人造光下的生活方式。学绘画出身的人做出的设计作品往往更耐看，更人文，因为色彩搭配是室内设计相当重要的组成，一些专业的色彩搭配师坚信：在家居设计中色彩搭配是最省心省力省钱但又是最容易表现效果的一种方式。不过色彩搭配师这个行业在我们国家只是刚刚起步，跟心理学领域的情形颇为相似。相比发达国家在这一领域的成熟度，我们的色彩搭配往往凭设计师的感觉完成。而长期浸泡于商业设计很容易就磨钝一个人的自然敏锐度，因此感觉失灵的事时有发生，这是让人苦恼的事。

人从来都是自然的一部分，恃人定胜天的意念妄为加入太多人的意志，最后的聪明之举不是推动人类的进步，而是彻底倒退。就像闻名于世的复活节岛，它吸引世界游客的不是现今居住在那里过着原始生活的人类，而是很久以前这里曾经创造过高度文明：一个个重量超过八十吨、并行站立凝望大海的巨型石身人面像。其建造手法及如何搬移成了一个举世的谜。研究人员分析：石像曾是部落人们的膜拜神祇，部落间相互攀比谁的石像建得最大，为了建造更多更大的石像就需要大量的木材和人口，为了养活更多的人口又需要清理出更多的土地，于是部落间的杀戮不断战争连年，最后毁掉了自然生态系统导致灭亡。

尊重人性是人文，热爱自然是人文，科技越发达，就越能产生更多满足人性需求的物质条件，但很奇怪的是，另一种声音也越来越响亮：贴近自然！也因此自然主义风格越来越受到人们的喜爱，人们在简约风格的呼召下越来越多的把原木、石材、板岩、玻璃引入室内，看着这些材料的天然纹理就觉得心理踏实，而在色彩上也更渴望纯正天然。这就对设计师的色彩理解能力提出了更高的要求。

色彩和光的关系，色彩和空间的关系，色彩与色彩之间的彼此影响力，有时候在商场里看到的东西明明是自己很喜爱的，可买回家里来一看完全风牛马不相及，这对人的审美是个打击。色彩的冷暖温度，色彩的纯度和亮度，它们与人的存在感息息相关。不管是在一个单色或一个互补色，还是在一个由相似色或三合音色调组成的空间里，因为空间的朝向所迎接的自然光强弱程度不同，一年四季一天二十四个小时自然光的强弱区分，人造光的加入而使色彩的浓度发生的奇妙变化，这些因素都会带动空间的色彩变化，有时落差悬殊大相径庭。作为设计师如何把握客户对色彩的内心渴求，感性缜密地把握作品中色彩与自然相呼应的气息，这又回到了一老生常谈的问题：先学做人后学做事，设计如人。

吾师心，心师目，目师大自然。人生来就是大自然的一部分，终其一生都向大自然学习，最伟大的设计师是大自然母亲。

TOP ISLAND HOME II

东岸 II

惠州珑湖湾东岸样板房 II

自然界中一切有生命力的颜色都让人的心灵获得慰籍！这是一个让人的精神得到舒缓安慰的色彩组合，色彩跨度不大，整体由米色、棕色、褐色和橙色组成，呈现自然的中性暖调。白色的注入提升了橙的亮度，赭色的穿插强化了它的自然朴实，这种不温不火不骄不躁的配色，营造了空间的春华秋实，温暖快乐。饰品的挑选表现了强烈的人文关怀气息，黑皮肤女性的赤身裸体体现着原始自然的美，红色自由女神招贴画的悬挂道出了它的现代气质。再细细端详每个空间所挑选的灯饰，它们的色彩、造型、材质，想象它们夜晚的柔和温暖，让人留恋的空间！

客　　户：广东方直集团
室内设计：EricTai Design Co.,LTD 戴勇室内设计师事务所
项目地点：中国广东惠州
使用物料：胡桃木饰面、格力士灰云石、橡木地板、米白皮革、壁纸等
建筑面积：145 平方米
设计时间：2012-12
完工时间：2013-09
摄 影 者：Jiang Guo Zheng 江国增
艺术陈设：戴勇室内设计师事务所

PRAGUE_ROME_AMSTERDAM
ADRID_BRUSSELS_LONDON
HONG KONG_PARIS
ROME_TOKYO_MADRID
GUE_ROME_AMSTERDAM
HONG KONG_PARIS
SABON_PRAGUE_ROME

Living Balcony
Kitchen
Dining room
Washroom
Study
Child room
Washroom
Hallway
Vestibule
Hallway
Walk in closet
Washroom
Living room
Elder room
Master bedroom
Balcony

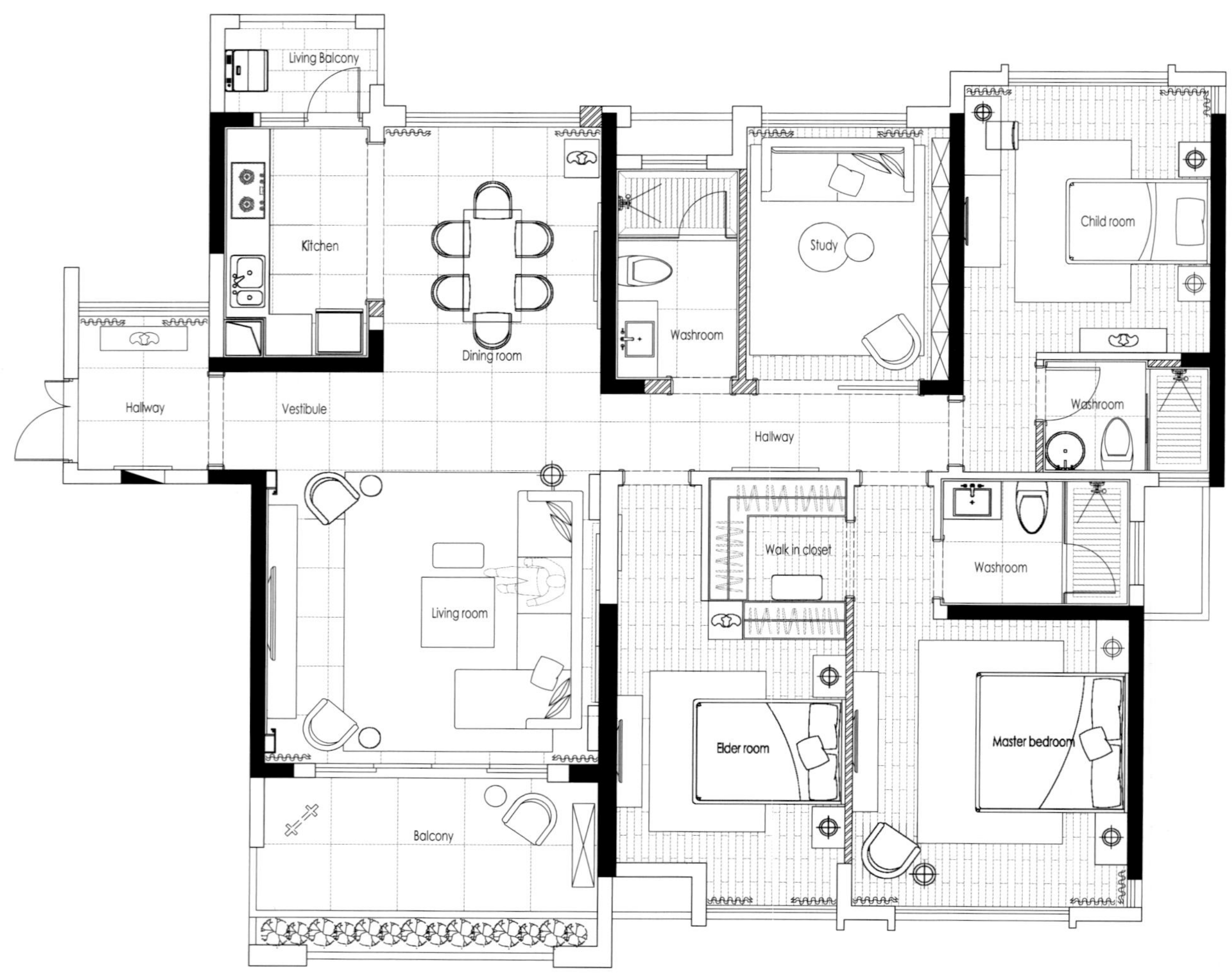

平面布置图

RUE'S SONG
THE HUNGER
magnetic tape
BIEBER
WARNING
DANGER

SINYAOO INTERNATIONAL I

星耀国际 I

惠州星耀国际样板房 I

双眸纯真的小驱马，流动典线墙上的陶瓷艺术品，小巧精致的沙漏型吊灯，马鞍棕色的地毯的与粉红色赛马场装饰画，抱枕的图案与色彩……这里无处不在出现马的优美身姿，柔顺的鬃毛飘逸的尾巴，静时没有一丝一毫的慌张与不安，与世无争泰然自若；动时在那奔跑的瞬间尘土飞扬，驰骋千里，追风逐月。在这个精致优雅的现代空间，处处涌动健康热情，豪迈刚健，设计师用陈设艺术感动生活。

“一个设计师需要有审美，一种经过长期艺术熏陶形成的对高尚事物的欣赏。设计的品位取决于审美，设计的品质取决于细节，设计的价值取决于创新，设计的提升取决于方法，设计的成就取决于坚持，设计的进化取决于观念”。（摘自戴勇设计微博 2014-09-15）

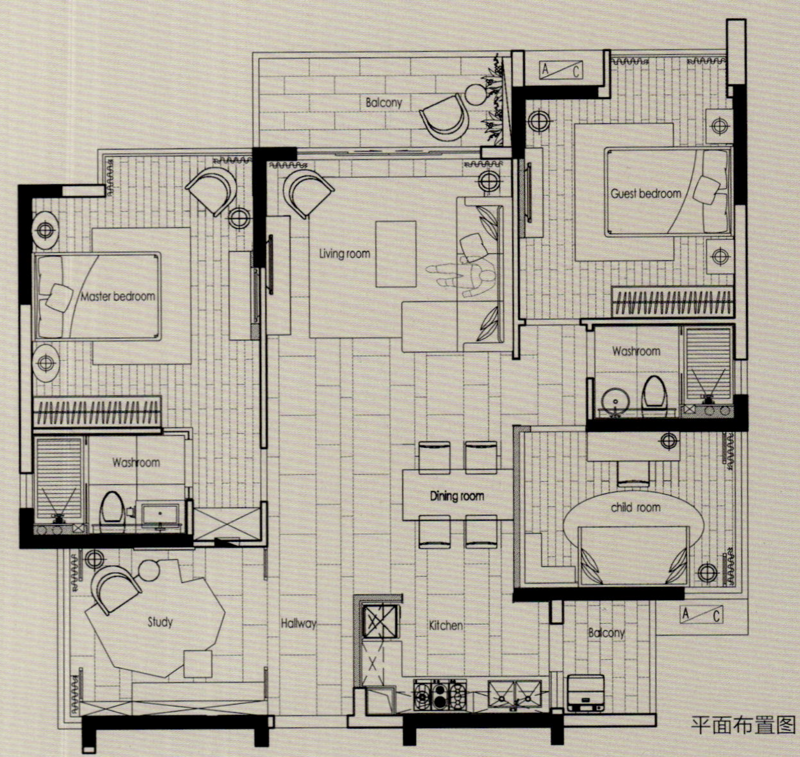

平面布置图

客　　户：广东方直集团
室内设计：EricTai Design Co.,LTD 戴勇室内设计师事务所
项目地点：中国广东惠州
使用物料：朱古力灰、榉木喷白漆饰面、黑色镜面不绣钢、米白皮革、橡木地板等
建筑面积：138 平方米
设计时间：2013-11
完工时间：2014-09
摄 影 者：ChenWeiZhong 陈维忠
艺术陈设：戴勇室内设计师事务所

HERMES-PARIS
G. BRAQUE
LIVRES

SONY

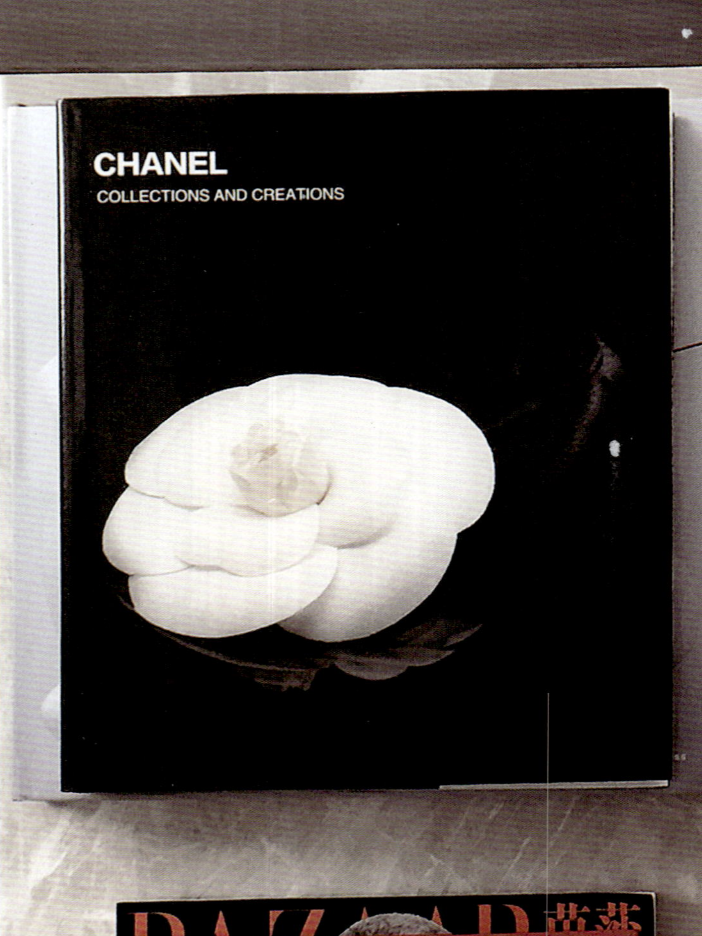
CHANEL
COLLECTIONS AND CREATIONS

中国国家地理
那时·西藏
穿越时空的藏地影像，
探寻三十年秘境记忆。
徐家树 著

"LESS IS MORE" ELEGANT PHILOSOPHY

“少即是多”的优雅哲学

戴勇把自己的家打造成中西融合的纯白色调，这跟人们印象中那个坚持“中国式优雅”的戴勇设计发生了碰撞。他的价值观发生改变了吗?

将宽敞平面推向极致，拒绝鲜艳悦目的颜色，他要让自己的家一望无际，不容任何隐藏与堆积，用极简的线条表达他对秩序与节制的设计理解，用大面积的纯白表达他对纯净世界的向往。这样的表达手法与他隐藏个人感受的能力相矛盾，他似乎更应该运用黑与白的对比，但他选用了纯白，然后根据家居的功能性增添了一点点的冷灰、一点点的灰绿、再一点点的矢车菊蓝。明明是典型的欧式风格，但又点缀进了一些中国明式家具，仿佛他的前身是明朝贵族，他的下辈子是英国绅士，而他的现在位于两点之间。他是个矛盾体，使得作品的多元化成为可能。

戴勇之家流动平面式极简设计手法，会让人想起现代主义建筑大师 Ludwig Mies Van der Rohe（密斯·凡·德罗）的设计哲学：少即是多。

当下许多设计师一边为讨好土豪风格而设计，一边悲催自己的身不由已，这样的存在状况也许可以从密斯的设计经历中找到安慰及指引。早在二十世纪三十年代初，密斯也身处一个土豪设计风暴涨漫延的社会环境，当时社会上新兴的富裕阶层想表现富丽堂皇只能从过去的样式中去探求，大多数的豪华住宅都故意模仿凡尔赛宫，18 世纪的“施洛斯城堡”或是都铎王朝和乔治王时代的乡村住宅，他们的设计目标并不是美学上的精炼，只是隐晦地与拥有地产的绅士、权利感以及社会优越感联系起来。但密斯以“少即是多”的设计哲学为一对夫妇设计了一座雅致的现代宫殿，重新定义了奢华的标准，不仅改变了以前贵族们赖以生存的美学，也证明了富裕不仅仅拥有当代的面孔，甚至也可以预示未来。

“少即使多”是否也会变成戴勇设计的新标签？戴勇这样表达戴勇之家的设计：“设计家的过程中可以说是一个慢慢认识自我的过程，了解自我的需求，了解自己到底需要什么，到底喜欢什么。经过多方面的筛选，慢慢喜欢的东西就渐渐清晰，最终选择了中西融合，希望完成后的家是朴素的、精致的、优雅的、尊贵的。”

ERIC TAI'S HOME

戴勇之家

深圳招华曦城联排别墅

本案位于曦城四期，建筑外围绿树掩映，西班牙建筑风格浓郁。室内设计以欧洲家居化风格为主调，体现出优雅的尊贵气质。主要墙面，如壁炉墙面、电视墙面、床头背景用传统的白色线框护墙板，木作施工时全部选用优质环保板材及油漆。考虑到南方潮湿，放弃了最初墙面贴墙纸的想法，改为ICI品牌环保乳胶漆，大面积是非常浅的灰色乳胶漆，运动活动区为冷灰色乳胶漆，书房为暗灰绿色乳胶漆，儿童房为蓝色乳胶漆。通过色彩定义不同空间的气氛。在整体的白色基调下，地面选择了米色的抛釉砖，质感更接近石材，且易于保养。卧室选择的紫檀色的全实木地板，鲜明的深浅色对比让室内显得时尚鲜明。天花用简洁的石膏线条修饰。室内大部分的家具选择简洁新古典款式，用美国黑胡桃实木及酸枝木皮制作，点缀了珍贵大红酸枝明式家具，如案几、南宫椅、禅椅及茶桌，少量点缀的中式家具给室内带来淡淡的人文气息。

室内设计：EricTai Design Co.,LTD 戴勇室内设计师事务所
项目地点：中国深圳
使用物料：乔布斯云石、白沙米黄云石、仿石砖、胡桃木实木地板、乳胶漆等
建筑面积：450 平米
设计时间：2012-07
完工时间：2015-01
摄 影 者：ChenWeiZhong 陈维忠
艺术陈设：戴勇室内设计师事务所

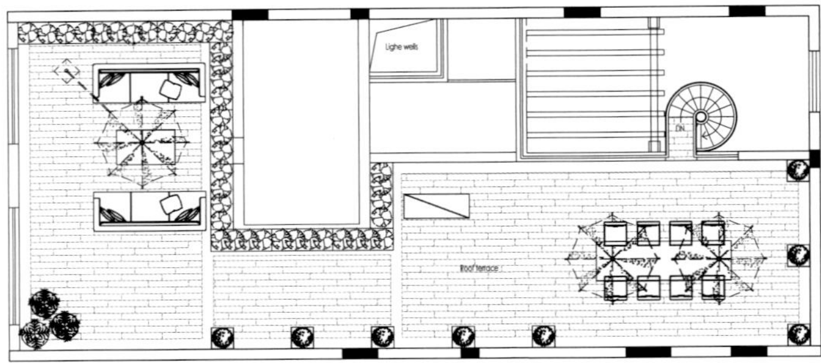

顶层露台平面布置图

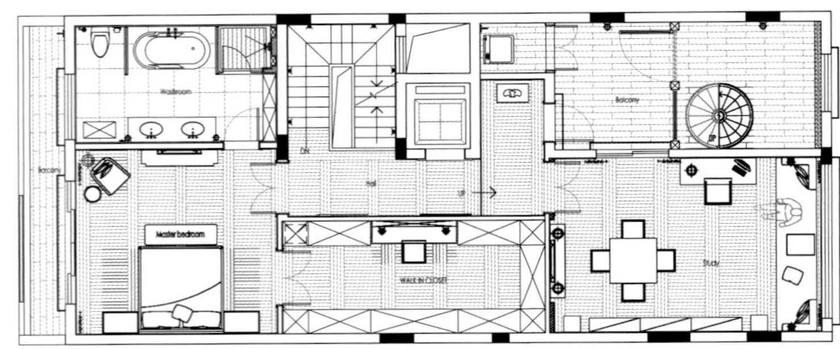

三层平面布置图

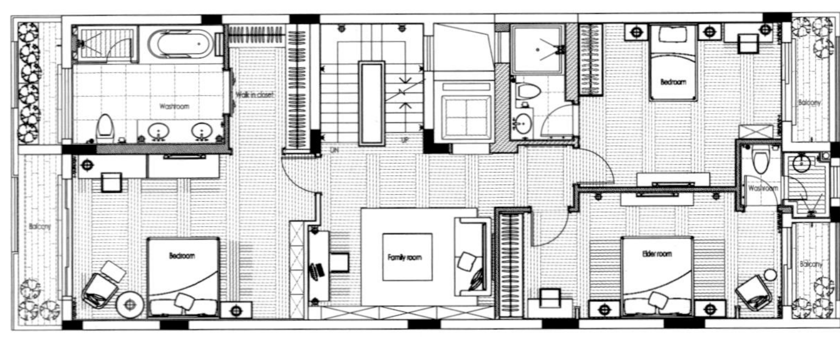

二层平面布置图

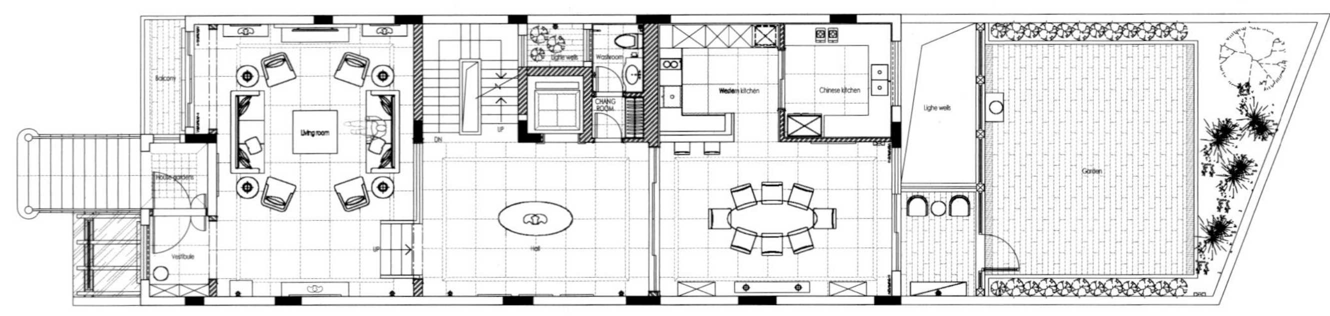

一层平面图布置图

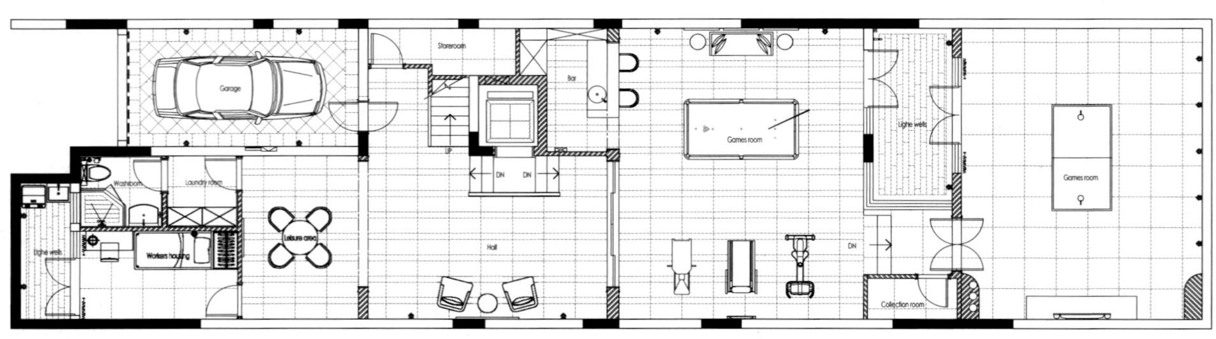

地下室平面布置图

Kerry Hill

ravedad
toria de la ciencia fue la
las leyes de la gravedad son
estes igual que a los objetos
ado por Edmond Halley y
las matemáticas y las consignó
nportante publicado jamás.
on se preguntó acerca de
ensión de la atracción de la
dad; evidentemente, llegaba
el centro de la Tierra hasta
del manzano, pero ¿podría
hasta la Luna?

RED SANDALWOOD COLOR LANGUAGE

紫檀色的语言

人类对自己的认识永无止境，为此付出艰巨的努力发明各种符号、语言，自然的形式的，又分门别类为科学的、艺术的、哲学的、宗教的、心理学的……借助不同的语言形式认识世界，认识自我，整体呈现人类的丰富，从原始过渡到文明。

设计师们运用不同的材料、造型、思想表达自己对功能与审美的理念，世界各民族设计语言的多样性表明人们对同一生存、同一世界可以有不同的活法，不同的态度及世界观，它们并非无缘无故就兴起，也不会无缘无故的陨落。它们以适应生存的顽强生命力向前进化生长。即使古老的斯堪的那维亚文明作为人类的文明分支经已消亡，但一些宝贵文化元素却继续被人类保存下来，包括运用于设计，以自然、简洁、有人情味、实用的方式被设计师定义为斯堪的纳维亚风格（一种现代风格）。虽然它不是一种流行的时尚，却以特定文化为背景的设计态度被世界认可。纯白色就是斯堪纳维亚设计的语言形式之一。

而紫檀色则很容易就让我们想起明清的贵族生活，不一定所有人都知道紫檀木曾被称之为“帝王之木”，但代表那个时代的紫檀色建筑及家具会以不同的文化表现方式映入我们的眼帘。人们不再喜欢那个时代细节繁琐的表现手法，就像近代欧洲人不再喜欢繁琐堆砌的巴洛克，改以简约的方式去繁琐留简练，去拘束留稳重严谨，紫檀色依旧在新中式风格中层出不鲜，用以彰显一种尊贵生活，满足人们的思古情怀，恋旧情结。读戴勇设计有时就像读一部纯正汉语作品，中国古文化韵味深入灵魂。

“我们近年的设计慢慢开始图案用得很少，除非一些特殊项目，如ArtDeco、新中式需要用图案来表达。大量的现代风格作品没什么图案，靠材质、色彩去表达设计，这样的作品会更趋向简洁自然。”

——戴勇

TOP ISLAND HOME III

东岸 III

惠州珑湖湾东岸样板房 III

室内设计采用现代新中式风格，设计手法简洁干炼。色彩处理上借鉴中国水墨意象，把不同材质糅合到黑白灰的主体色中，青色、蓝色、玫红的局部点缀，清水玉石、香槟金箔、真丝布的恰当运用，设计师在空间中细致拿捏着静谧与活跃、朴素与奢华、当代与传统的关系。

主体家具采用现代造型手法，并赋予优雅的东方气质。挂画的选择以抽象为主，不仅在视觉上时尚简洁，而且给室内更多的想象空间。悉心选择的铁制茶壶、木工艺品、陶瓷、青铜宫廷人物小品更给人带来自然人文的感受。

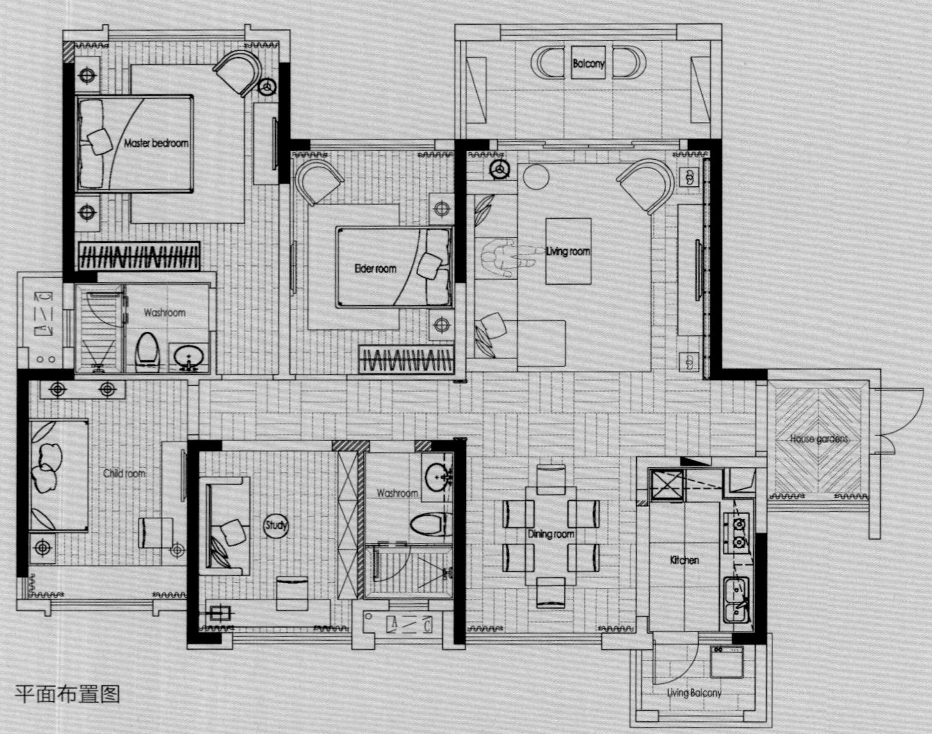

平面布置图

客　　户：广州方直集团
室内设计：EricTai Design Co.,LTD 戴勇室内设计师事务所
项目地点：广东惠州
使用物料：清水玉云石、水云纱云石、铁刀饰面素色、麻草壁纸、真丝布硬包、胡桃木地板等
建筑面积：150 平方米
设计时间：2012-10
完工时间：2013-07
摄 影 者：ChenWeiZhong 陈维忠
艺术陈设：戴勇室内设计师事务所

ROYAL GRADEN II

君御 II

惠州君御样板房 II

运用珍贵的意大利孔雀蓝玉石做电视背景墙，既是功能的需要，从设计角度分析也是为实现感官吸引力的一种表现手法。在这个奢华的现代空间中，材料的运用非常丰富，在空间造型上也要求层次紧密分明，无论从天花到隔墙甚至到单面墙的设计上显示的视觉落差，给予人的感受性都是金碧辉煌富丽堂皇，体现财富阶层的一种需求。它甚至被解释为是多元化的风格，单从造型材料及软饰的繁芜上有人甚至将它称为中式 ArtDeco，然而从色彩选择、木料偏好及挂画图案的选择上依然体现出主人的稳重气质。

客　　户：广州方直集团
室内设计：EricTai Design Co.,LTD 戴勇室内设计师事务所
项目地点：广东惠州
使用物料：意大利孔雀蓝玉石、白金沙云石、直纹柚木饰面索色、玫瑰金镜面
不锈钢、米白色皮革、夹丝镜等
建筑面积：241 平方米
设计时间：2013-11
完工时间：2014-11
摄 影 者：Jiang Guo Zheng 江国增
艺术陈设：戴勇室内设计师事务所

CENTURY
CENTURY
CENTURY
CENTURY

D BY STEINWAY & SO

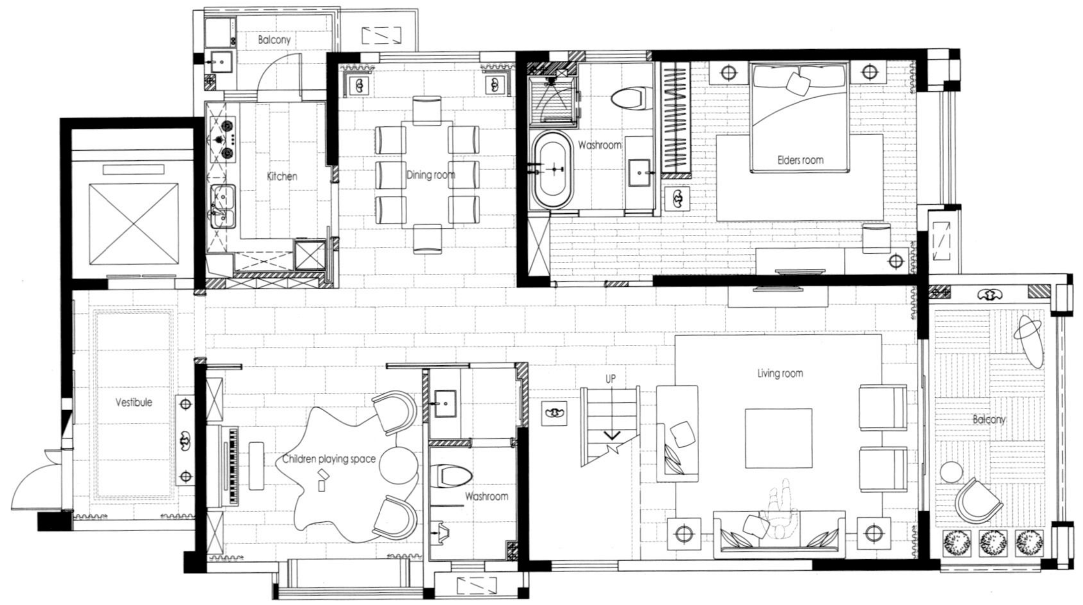

一层平面布置图

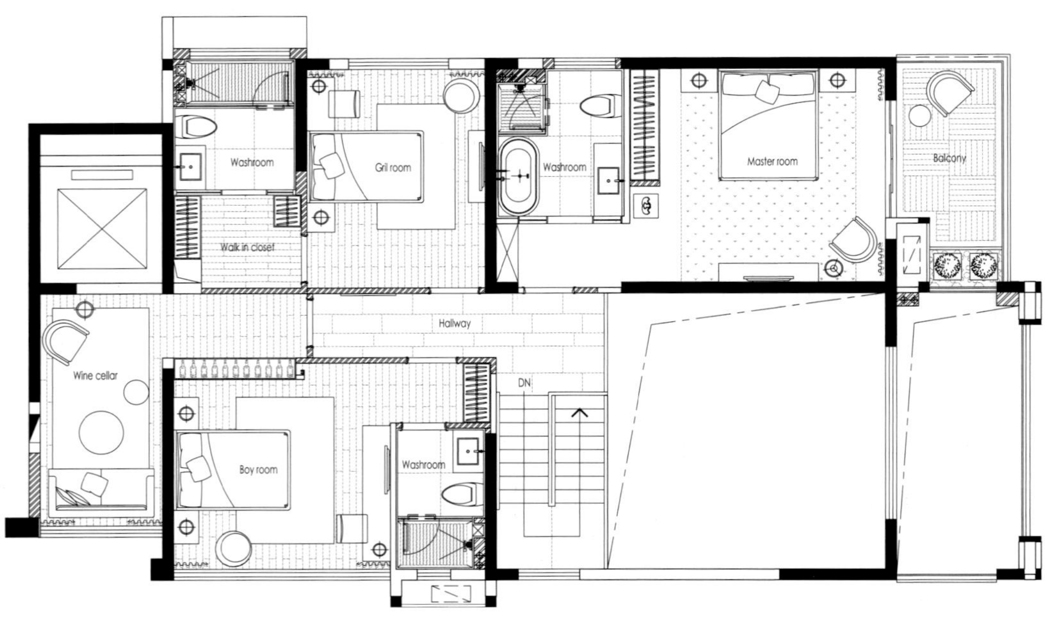

二层平面布置图

LOUIS VUITTON

EVERYTHING IS POSSIBLE

一切皆有可能

后人说曹雪芹能写出红楼梦是因为他曾经拥有的生活经历，但李安能拍出唯美的断臂山则不必是个体经历的必然，于李安而言爱能超越和穿透文化差异。李安的艺术诠释语：“对我来说，最好不要去想个人风格。一想到个人风格，所谓知识障、心魔就产生，个人的东西反而发挥不出来。我诚心地讲，风格是让那些没有风格的人去担心的”。

外行人看来戴勇是安静的，也是不可知的，但真想要表达什么时，他并不含蓄，尽管他总以优雅的方式不让任何人感受到是有伤害的。看戴勇设计的两个郑州名门紫园案例，诧异他对当代中国物质贵族生活方式在形与色上的理解，空间造型方正宽敞，突出对称、尊贵、层次分明的中国式家居空间。用米黄、暖灰与金色搭配斑马纹图案与几何状的流苏灯饰，表现富人的锦衣玉食及时尚品味；用紫檀、黛蓝与金色携带传统海棠花造型、太白玉云石打造玉棠富贵如意呈祥。

翻看戴勇的微博记录，于 2012 年的春天他提到曾有意离开深圳：“当初来深圳，为了让自己开阔眼界，至少在见识上不要落伍，前几年有时也在纠结回南京，但最终还是坚持下来了。认定一句俗语：‘人往高处走，水往低处流。’放弃施工，做纯设计，只为一个目的，做自己喜欢的事，并找回一点点尊重。每个人都应该有一点点想法和追求，毕竟生命只有一次。”

如今看来好在他并没离开，否则就缺乏如此多维度的精彩演绎。问题不在于南京是否有深圳繁华，而是深圳更能刺激一个设计师的艺术潜能，就像美国的纽约和波士顿的不同。戴勇设计作品本身就揭示一种深圳精神，它显示精神与财富，世界与中国，现代与古典的矛盾存在，这种矛盾也许经常带给他苦闷，但他的坚持也恰好说明他自身对沉闷的无法容忍。他的设计可以以任何形式，在任何地方，沐浴在一种高贵精神的优雅气质中。

去年戴勇将自己的家打造成纯白色的欧现代空间，用他的话说是终于可以做一次自己想做的设计了。但并不排除某一天他想把自己的家打造成新中式风格，尽管他的设计观点之一是“复古的设计是堕落的设计”，但谁能确定性的预知未来的文艺复兴风将从何处吹起？对一个真正热爱设计本身的设计师而言，唯一不变的是变化，一切皆有可能。

ZIH YUAN I

紫园 I

郑州名门紫园样板房 I

根据项目的特点，设计师在设计风格定位时采用现代中式奢华风格，通过合理的空间规划，材质与色彩的精心拿捏，营造出一处富有尊贵感和人文特色的中国式家居空间。

空间规划时，设计师用博古架的形式围合成对称通透的住宅门厅，门厅分隔开中餐厅与会客厅，让两个空间都相对正式和独立。中餐厅区域设有吧台、中式厨房和工人起居空间。客厅区域把原有阳台纳入室内，形成正式的会客厅和休闲区，功能上更丰富多样。从会客厅可以到达长辈房套间、书房、小孩房及主人套间。功能布局流畅，各个单独空间方正宽敞。

色彩选用了紫檀色、黛蓝色与金色的色彩组合，营造尊贵典雅的色彩氛围。门厅地面用土耳其金镶玉及希腊雅士白云石拼出传统的海棠图案，硬装选用紫檀色的铁刀木、珍贵的真丝布艺硬包、进口中国图案壁纸、传统“万”字纹的玫瑰金不锈钢屏风、浮雕面木地板等物料。多处出现的海棠角装饰细节也成为室内装饰的特色元素，不仅体现在硬装上，在专门定制的家具上也出现了此细节的呼应。洗手间墙面选用了意大利太白玉云石，铺贴方式采用中国传统的工字拼法，地面用土耳其科莫灰石材衬托，洗手台和化妆镜的设计借鉴了中国传统建筑和家具的装饰元素，洗手台面选用了河南当地产的紫砚石做台面。

室内设计及艺术陈设有由戴勇室内设计师事务所全程负责，多件家具、灯具均为设计师原创设计并定制，确保软装陈设的新颖和独特。

客　　户：名门地产（河南）有限公司
室内设计：EricTai Design Co.,LTD 戴勇室内设计师事务所
项目地点：河南郑州
使用物料：金镶玉云石、雅士白云石、科莫灰云石、象牙灰云石、北极灰云石、威尔金丝云石、紫砚石、铁刀木饰面、浮雕木地板
建筑面积：294 平方米
设计时间：2014 年 09 月
完工时间：2015 年 03 月
摄 影 者：ChenWeiZhong 陈维忠
艺术陈设：戴勇室内设计师事务所

How to Read
Chinese Paintings

Kitchen
Dining room
Maid's room
Washroom
RD
Vestibule
Washroom
Study
Washroom
Walk in closet
Wash room
child room
Living room
Elders room
Master bedroom
Balcony

平面布置图

ZIH YUAN II

紫园 II

郑州名门紫园样板房 II

本案是位于郑州市郑东绿博园区域的名门地产项目名门紫园的一套大平层豪宅样板房。有着"阅尽郑东唯紫园"诉求的名门紫园项目，力图打造最高品质的城市标杆。

作为河南省会郑州的高端项目，设计师在设计风格定位时采用大都会风格，并根据项目绿博园区域的特殊地理位置，融入了自然设计主题。通过合理的悉心划分，材质与色彩的和谐组合，营造出一处富有现代感和尊贵感的都市奢华家居空间。

设计师把入口处的区域合理划分成门厅、工人房、藏酒室三个部分，在保证了门厅面积适度的同时，增加了更多的使用功能，并通过适当压缩门厅面积形成先抑后扬的心理感受。

门厅分隔出餐厅与会客厅两大主要区域，让两个空间都相对正式和独立。餐厅区域设有吧台、宽大的中西结合式厨房。客厅区域把原有阳台纳入室内，形成正式的会客厅和高尔夫练习区。从会客厅可以到达小孩房套间、长辈房套间、客房及主人套间。面积接近 40 平米的主人房里设有单独的办公区和宽敞的衣帽间。各功能布局流畅，各个单独空间方正宽敞。

色彩选用了米黄的、暖灰色与金色的色彩组合，营造尊贵典雅的色彩氛围。公共区域地面用土耳其云灰云石大面积铺贴，硬装选用灰影木、皮革硬包、夹丝布工艺玻璃、缅甸胡桃木与加拿大枫木镶嵌条纹地板等物料。洗手间墙地面选用了意大利柏斯高灰云石，现代的洗手台设计，洗手台及镜用不锈钢做细节的收口。

样板房的室内设计及艺术陈设有由戴勇室内设计师事务所全程负责，多件家具、灯具均为设计师原创设计并定制，确保软装陈设的新颖和独特。客厅及主人卧室的特别设计制作的"云"及"牡丹"钛金不锈钢艺术挂饰，餐厅选配的美国品牌 global views 的树枝吊灯和定做的森林地毯都是对项目所在地理位置的暗示。

客　　户：名门地产（河南）有限公司
建筑面积：336 平米
项目地点：河南郑州
使用物料：云灰云石、柏斯高灰云石、金镶玉云石、雅士白云石、直纹白玉云石、英伦玉云石、银影木饰面、灰鳄木饰面、缅甸胡桃木地板、加拿大枫木实木地板、墙纸等
设计时间：2014 年 09 月
完工时间：2015 年 03 月
摄 影 者：ChenWeiZhong 陈维忠
艺术陈设：戴勇室内设计师事务所

LOUIS VUITTON

Water bar
Kitchen
Dining room
Elevator lobby
Vestibule
Nanny Room
Washroom
Guest bedroom
Washroom
Red wine room
Study
Washroom
Living Room
Guest bedroom
Walk in closet
Child Room
Washroom
Master bedroom
Balcony

平面布置图

CENTURY
CENTURY
CENTURY
CENTURY
SPACE

China and Its People
中国与
中国人影像
COCO CHANEL

SIMPLE ARTDECO

简约 ArtDeco

喜欢这种图案缤纷色彩深沉的超现实主义表达，它代表的不是自己，是某种喧哗繁华深不见底的奢望，带着破坏与重组，
稍纵即逝却存留影子。

ArtDeco 可以艳丽夺目摩登妖娆繁芜奢糜，就像后期的 Elvis Presley 猫王，耀眼灯光下琥珀蜜蜡一样的肤色，性感的下巴，嗜乐的嘴巴，梦幻痴迷的眼神。ArtDeco 兴起何时没落何处？这些问题一点都不重要，重要的是它是纷呈人性的象征之一，诱惑之至，就是要赋予空间如此多的图案，如此多的金属色，如此多的钢性材质与镜子，借以炫耀人间的财富与繁荣，实现自我迷恋的恣意放肆。

但戴勇设计的 ArtDeco 却赋予新的含义，他将自己的简约与节制带进 ArtDeco 天地。亮金、明黄、纯蓝、艳紫，令人兴奋的波浪起伏；灰、褐、米、白，钢、玻璃、漆木，反射、灿烂，让人眩目的光波浪。没有绸缎和皮草，没有鲨鱼皮和斑马纹，可依然不可阻挡地实现了它的华丽落地。戴勇对自己这一作品的说法："这个 ArtDeco 只是不小心闯进来，选用这个风格我们也避免做古典欧式，不做古典是个人觉得要做代表时代的设计，首先是现代的设计，其次是有历史的设计。"

JIA YUAN

嘉元

中山盛迪嘉嘉元营销中心及公共空间

中山盛迪嘉“盛世嘉元”项目是面向高尚人群的尊贵物业，建筑设计采用经典的 Art Deco 艺术装饰风格，尊贵精致，富有对称的平衡美。景观设计采用了更多的流线及曲线的设计元素，配合亚洲园林特色，兼具严谨与灵动，既有西方精致细节之美，又有亚洲休闲的意境。

“盛世嘉元”项目的独特之处首先体现在高达 7 米的社区大堂，精心规划的独特社区大堂，让回家的业主体验到国际奢华酒店的感受。大堂入口处设计师从中国院落的照壁得到灵感，设置了古铜色不锈钢图案的巨型屏风，形成中国式的私密尊贵空间。整个社区大堂优雅华贵，米色系的整体色调尊贵高雅，墙面整齐序列的石材拼接及灯光规划，地面订制的黑白云石拼花，天花气势恢弘方格形的藻井，整个社区大堂带给人强烈的奢华感受。

拾级而上，是嘉元的服务大堂，在这里可以欣赏到小区壮观的自然园林水景。近 6 米的米色石材柱头上精心雕刻着 Art Deco 几何元素的图案，底座是坚实的黑白花纹的基座。石材地面上对称的几何图案的设计，灵感同样来自 Art Deco 风格的建筑。天花上点缀的彩色弧形玻璃管的艺术吊灯，线条柔美，色彩艳丽。这里设置着物业服务总台，舒适的围合形沙发，厚实的地毯。蓝色调的沙发、地毯及墙面的巨幅挂画，与整个空间的暖金色调，形成强烈的色彩碰撞。

销售中心位于项目的群楼的商铺，空间受到一定局限，设计师通过特殊艺术玻璃对柱面进行修饰，形成特殊的多面反射

效果，形成特别的奢华精致的视觉效果。沙盘上的层层叠叠的花瓣主题吊灯给人带来愉悦的感受，也表达了对美好生活的一种向往。

住宅大堂同样延续着整体尊贵的设计气氛，主要空间 6.5 米，首层电梯厅 4.5 米，墙面的大面积铺贴着米黄色的石材，青古铜不锈钢的框线细节体现出品质感和工艺性。地面的黑白经典 Art Deco 几何图案，让空间兼具经典的和摩登的特性。大堂上空极具特色的金色艺术玻璃管吊灯成为空间的点睛之笔。

客　　户：中山市盛迪嘉房地产开发有限公司
室内设计：EricTai Design Co.,LTD 戴勇室内设计师事务所
项目地点：广东省中山市古镇
使用物料：金镶玉云石、雅士白云石、英伦玉云石、太白玉云石、古罗地亚云石、乔布斯云石、奥特曼云石、孔雀蓝玉云石、黑檀木饰面、青古铜不锈钢、夹丝玻璃、艺术镜等
建筑面积：1380 平方米
设计时间：2014 年 06 月
完工时间：2015 年 04 月
摄 影 者：ChenWeiZhong 陈维忠

嘉元

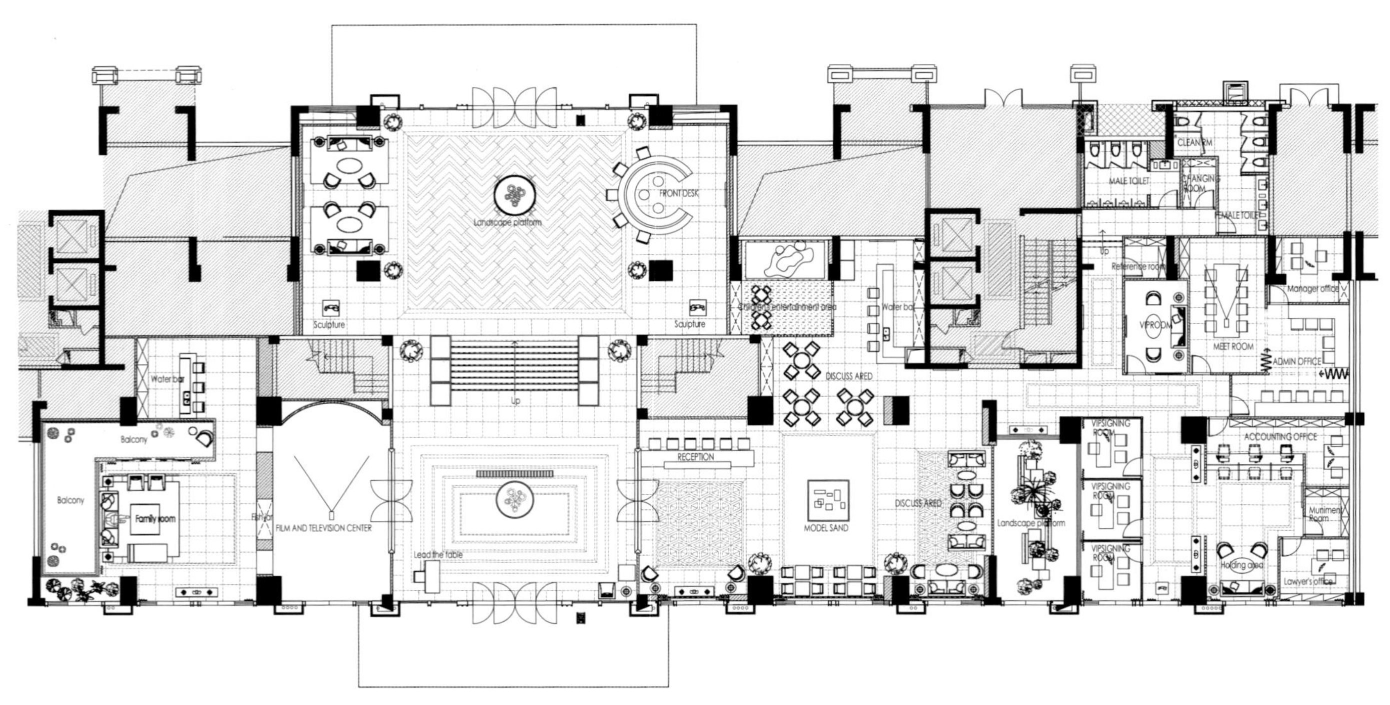

平面布置图

HEIGHTS

HEIGHTS

Tropical Houses
behaviorology
Spanish Style
EL BOSCO
ANDREW MARTIN
INTERIOR DESIGN REVIEW
FASHION INSPIRATIONS
CIENCIA
CHURCHES & CATHEDRALS

RESTORE REAL LIFE

还原真实的生活

什么是真实的生活？人们在欣赏一幅绘画作品的时候，有人会认为只有写实的才是真实的。也就是无论画什么一定要是真实存在的物质，又叫现实主义。当19世纪末印象派绘画兴起的时候，部分持这种观点的人很生气，他们的反应就跟当年贝尔发明电话时所遭遇的世界反应一样，被断定为这种幻想根本没什么价值，而且完全是违背常识。可是电话很快就普及了。而随着科学家们将研究领域延伸至光和色彩，法国科学家M.E.Chevreul的著作《The Principles of Harmony and Contrast of Colors》一经出版，马上被印象派画家们奉为圣经，他们将光的发现引变成为一种新的绘画语言，彻底解放了绘画艺术的思想观念，使之走进自然，表达真实的个人情感。

从文艺复兴到印象派，人们能清楚地看见人类认识自然的过程，从最初的惧怕自然、受制于自然，到逐渐强大起来后的接受自然、膜拜自然，又到人类文明达到一定水平之后的试图表现自然、接近自然。人生来是自然的一部份，而认识自然却是个循序渐进的过程。毫无疑问印象派的诞生是一个时代进步的标志，工业化的急速进程推动着城市化的快速发展，新兴中产阶级喧闹而斑斓多彩的生活引起了年轻艺术家的关注，他们拒绝把过去或未来作为绘画的题材，他们只关注同时代人所经历的真实，尽可能的捕捉转瞬即逝的印象，忠于记录他们眼中的真实生活。

印象派画家们不评价社会，他们只是渴望在绘画中表达出现代人的生活经验与趣味，莫奈的《草地上的午餐》、《花园中的女人》，德加的《赛马》、《弹钢琴的少女》，毕沙罗的《洛德希普林恩火车站》、《蒙马特大街》，都表现出现代人的生活画面。作品题材大多取自于城市生活，改造中的城市、中产阶级的休闲娱乐方式，餐馆用餐，咖啡厅音乐会，海边的休憩情景，一些欢乐的场面，和谐的情调，热闹的气氛，这也是画家们自己的真实生活。而透过印象派这个窗口，人们看见了一个时代的城市、自然、生活的真实面貌。

现代室内设计在我国是个方兴未艾的领域，它的蓬勃发展源于人们热烈纷呈的需求，各种各样的风格涌现，反映出人们各种各样的审美趣味，而诞生于这个时代的室内设计师，是否跟印象派画家的诞生、发展历程相似？设计师的工作使命是表达人们的需求，反过来也让人们透过其作品看见自己想要过的和正在过着的生活。在戴勇设计的这本书中，我们既能看见具传统内蕴之美的新中式风格，惬意浪漫的简欧风格，适合艺术爱好者的大都会现代风格，炫彩华丽的ArtDeco，还有蔚蓝色浪漫情怀的现代海滨风格，形形色色。而透过戴勇设计这个窗口，我们是否也能看见自己所属的时代人们的真实生活？

IKEA HOME

宜家之家

惠州星耀国际样板房 II

以“宜家之家 ”样板房为交楼标准设计，配全屋宜家产品展示。设计师理解的宜家风格可以是很多种风格，本案选择产品时充分考虑了客户对宜家风格的认知，选用的均是典型性宜家产品。类似这种风格有许多公司都做过，通常是小户型，风格比较清新，缺点是会感觉廉价、松散。这次实践通过精心搭配选款，体现出一定设计感和品质感。

粉丝点评：

*JabbaDockeeR：很喜欢戴先生的设计，作品都很用心。

* 麦子 0755：房间里大到墙面、布艺，地毯，小到杯碟餐布，蓝色轻柔的心思延伸到空间的每个角落，加入浅灰，更显宁静。蓝灰调与白色的完美搭配，优雅而舒适，这样的居室，仿佛在黄昏中宁静地守候时光的流逝，整个人都被净化了。

* 然姿卓玛：设计的好美哦，我很喜欢客厅的这个吊顶

* 杉菜阿爸：不差啊 关键不在品牌 还是在设计

* 街上遇见你：还有没有全用宜家产品设计的样板房啊，太喜欢了。如果墙面是非常浅的黄色可以用蓝色的家具摆放吗?

*------- 暮：颜色很干净，给人愉悦的感觉

*MRD 境象设计：一个新色彩的转变啊，而且很接地气，适合大众，用心去做，这样的家我们谁都可以拥有，色彩，蓝，黄，绿，橙都可以换着或者混着来……（摘自戴勇设计微博）

客　　户：广州方直集团
室内设计：EricTai Design Co.,LTD 戴勇室内设计师事务所
项目地点：广东惠州
使用物料：格力士灰云石、榉木喷白色漆、橡木地板、墙纸、白色乳胶漆等
建筑面积：80 平方米
设计时间：2013-11
完工时间：2014-09
摄 影 者：ChenWeiZhong 陈维忠
艺术陈设：戴勇室内设计师事务所

Balcony
kitchen
Study
Washroom
Dining room
Master bedroom
Child room
Living room
Balcony

平面布置图

SHENZHEN CENTRAL MOUNTAIN II

中央山 II

深圳中央山样板房 II

无论对设计师还是对业主，现代休闲海滨风格都被真心喜爱，它的休闲清新让人们想起异国情调的假日旅行，躺在暖洋洋的沙滩上，懒洋洋的晒着夏日阳光，随兴所至起身捡起一块石子抛进浪尖上，传来大海激昂的回音及自己恶作剧的快乐笑声。

戴勇设计的现代海滨风格，实现渴望亲近海洋清新却深居繁华都市的人的梦想，这里放进来不少海洋元素，玻璃鱼，贝壳项链，游泳圈，白帆，吹螺顽童小雕塑，海神游嬉的装饰画，也更多地考虑到了实用功能，设计感上非常现代，包括空间几何图形的强化突显和装饰材料、家具材质的选取，海洋的蔚蓝在这里更像一种自然意境的引用，一种思绪的自由漫延，而非刻意深化的特定家居主题。

无论做什么，怎么做，终极追求是为在活着之上体验一种更真实的生活。

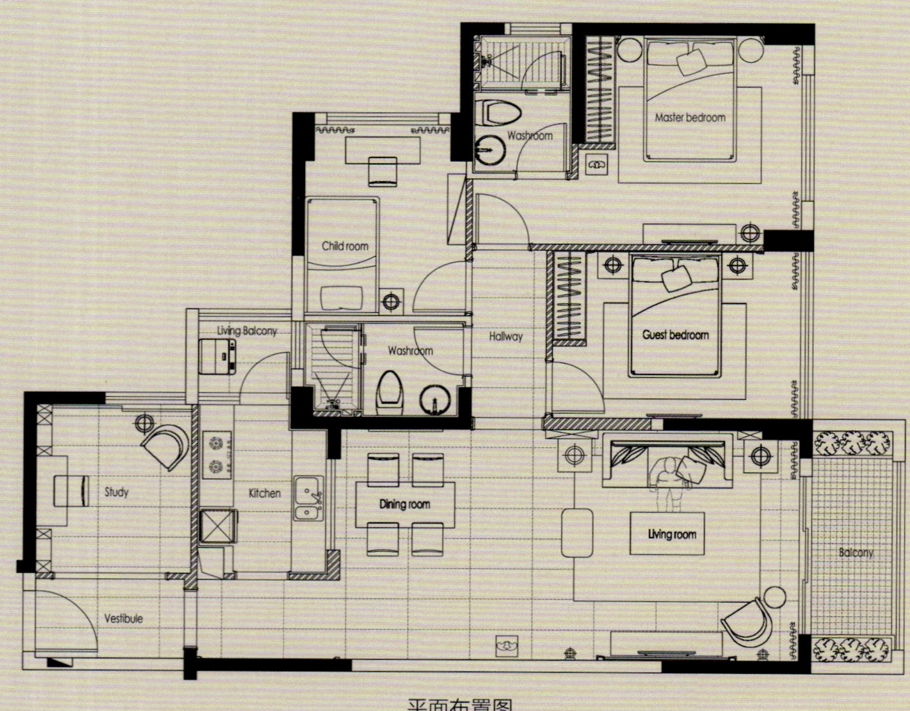

平面布置图

客　　户：深圳福盈置地房地产有限公司
室内设计：EricTai Design Co.,LTD 戴勇室内设计师事务所
项目地点：中国深圳
使用物料：白沙米黄云石、蓝金沙云石、仿石瓷砖、墙纸、艺术马赛克、榉木喷白漆等
建筑面积：110 平方米
设计时间：2013-08
完工时间：2014-07
摄 影 者：ChenWeiZhong 陈维忠
艺术陈设：戴勇室内设计师事务所

HOME
SWEET
HOME
CALM TIDES
COAST

ACKNOWLEDGEMENT

鸣　谢

本书得以面世，全赖各方积极参与和支持。在此感谢戴勇设计团队全体成员的创意和付出，感谢摄影师陈维中、江国增、陈思摄影团队的精彩创作，感谢牧霖女士激情洋溢的文字，以及刘竞华先生精美的装帧设计，并特别感谢创福美图翟东晓先生积极促成本书的出版。

ABOUT ERIC TAI

关于室内设计师戴勇

戴勇，中国当代最具影响力的室内设计师之一，戴勇室内设计师事务所董事长兼首席设计总监。生于1971年。24岁开始从事室内设计，设计作品结合了东方浪漫情怀与西方典雅奢华风格，体现出原创优雅的尊贵气质，以独具特色的“中国式优雅”设计享誉设计界。1997年处女作“深圳天威数据公司总部写字楼”荣获中国室内设计学会佳作奖。2004创立个人设计公司，同年作品“佳兆业桂芳园样板房”荣获海峡两岸四地设计大奖一等奖。2005年获颁“深圳十大设计师”称号，作品入选台湾《室内》设计杂志。2005年获颁“深圳十大设计师”称号，2009年获颁“中国十大设计师”称号，“深圳卓越唯港样板房”、“济南他山别墅样板房”两件作品入选国际室内设计奥斯卡英国AndrewMartin安德鲁马丁全球百名优秀室内设计师奖。2012年至今受聘于清华大学美术学院高级室内设计研修班授课教师，负责室内设计及陈设艺术课程。出版《逸境》《时尚奢华样板》《陈设生活智慧》《城市酒店与度假酒店设计》《极上雅境》《中国式优雅》《融会》《优雅新中式》八本个人作品集，并入编中国顶级室内设计师系列丛书及亚太室内设计名师系列丛书。

戴勇室内设计事务所（深圳）

Tel：0755-82913509　Fax：0755-82911781-805　E-mail：szyisi@126.com

微信公众号：戴勇设计 官方微博：戴勇设计

官方网站：www.easespace.com 自然精简 艺术人文